RESEARCH ON THE RELATIONSHIP BETWEE

AND INNOVATION BEHAVIOR OF KNOW.

创客精神与知识工作者
创新行为关系研究

薛泉祥　著

江苏大学出版社
JIANGSU UNIVERSITY PRESS

镇　江

图书在版编目（CIP）数据

创客精神与知识工作者创新行为关系研究／薛泉祥
著. -- 镇江：江苏大学出版社，2023.12
ISBN 978-7-5684-2115-7

Ⅰ. ①创… Ⅱ. ①薛… Ⅲ. ①知识创新—研究—中国
Ⅳ. ①G322.0

中国国家版本馆 CIP 数据核字（2023）第 252051 号

创客精神与知识工作者创新行为关系研究
Chuangke Jingshen yu Zhishi Gongzuozhe Chuangxin Xingwei Guanxi Yanjiu

著　者／薛泉祥
责任编辑／柳　艳
出版发行／江苏大学出版社
地　　址／江苏省镇江市京口区学府路 301 号（邮编：212013）
电　　话／0511-84446464（传真）
网　　址／http://press.ujs.edu.cn
排　　版／镇江文苑制版印刷有限责任公司
印　　刷／苏州市古得堡数码印刷有限公司
开　　本／710 mm×1 000 mm　1/16
印　　张／10.5
字　　数／200 千字
版　　次／2023 年 12 月第 1 版
印　　次／2023 年 12 月第 1 次印刷
书　　号／ISBN 978-7-5684-2115-7
定　　价／60.00 元

如有印装质量问题请与本社营销部联系（电话：0511-84440882）

前　言

纵观世界经济的发展过程，不同的经济形态往往有其独特的生产要素：土地是农业经济时代的重要生产要素，资本是工业经济时代的重要生产要素，知识是知识经济时代的重要生产要素。作为一种新的经济形态，知识经济的发展主要伴随着知识资源的开发和运用。知识经济时代的重要特征就是知识迅速地向传统产业渗透，知识密集型产业大量涌现，围绕知识创新推动产品创新和服务创新已经成为各产业提高竞争力的关键所在。

如果说知识经济时代经济发展的根基是知识，那么掌握知识的核心主体——知识工作者，亦是推动知识经济发展的关键因素之一。德鲁克在《21世纪的管理挑战》一书中强调："21世纪，管理需要做出的最重要的贡献与20世纪的贡献类似，它要提高知识工作和知识工作者的生产率。"在知识经济时代，知识工作者凭借其拥有丰富的知识资源成为经济社会发展的重要推动者。丰富的知识资源也使得知识工作者相较于体力劳动者而言是一个独特的群体，而创客是知识工作者群体中的一个特殊组成部分。创客热衷于创新，善于协同和分享，是大众创新的重要群体，他们身上体现出来的"创客精神"逐渐成为知识工作者独特的"名片"，推动着知识工作者积极创新和分享。

知识工作者的创新行为和创新绩效成为分析和探讨知识工作者生产率的重要工具和对象，尤其是知识工作者的创新行为受到了国内外学者的广泛关注。但是如何激励知识工作者实施创新行为、构建创新行为的系统的引导策略，目前还缺乏较为系统的研究。

社会资本理论指出，社会资本是社会主体间紧密联系的状态及其特征，为创造力和创新行为的研究提供了路径和方法。在移动互联网时代，创客群体中形成的创客精神是创客个体和创客群体共同体现的紧密联系的状态及其特征，为本书进一步分析和研究知识工作者的创新行为提供了理论基础和分析工具。

本书基于社会资本理论，在对创客精神内涵进行界定的基础上，系统探讨了创客精神与知识工作者创新行为之间的关系，研究的创新性主要体现在以下三个方面：

第一，社会资本理论视域下知识工作者创新行为的影响机理研究。以往文献对知识工作者创新行为影响机制和提升路径的研究较为零散和片面，缺乏全域性和系统性的分析框架，与研究相关的实证分析也较为单一。本书将通过开展关于社会资本理论、资源保存理论和特质激活理论的研究，重点关注知识工作者之间的"非正式网络关系"对创新行为的影响，进一步分析创客精神、上级发展性反馈、工作重塑与知识工作者创新行为之间的复杂关系，构建知识工作者创新行为研究理论框架和分析模型，对知识工作者创新行为的生成机理进行系统性的分析和研究，拓展知识工作者创新行为研究的广度与深度。

第二，中国情境下创客精神的内涵及维度研究。现有文献就企业家精神、企业创新氛围等因素对员工创新行为的影响进行了深入的研究，却忽视了创客精神对创新行为的影响。现有研究文献表明，当前理论界对创客精神的研究尚处于基础层面，对数字化时代中国创客精神的内涵、特质及形成机理的研究还不足。本书通过定性分析的方法，凝练出中国情境下创客精神的内涵和四个具体维度，丰富了关于创客及创客精神的研究，为后续研究创客精神与知识工作者创新行为的关系提供了构念和维度铺垫。

第三，通过实证研究，进一步明晰了创客精神对知识工作者创新行为的影响机理。学术界对创新行为的研究日渐成熟，在创新行为的影响因素和激励机制方面均取得了一定的成果，但关于创客精神对知识工作者创新行为的影响机理的研究还相对缺乏；对于如何进一步激发知识工作者创客精神，在充分尊重知识工作者的个性基础上进一步提升其创新行为，还缺乏系统的研究。本书首次开展了创客精神与知识工作者创新行为关系的实证研究，深入探讨了工作重塑的中介作用和上级发展性反馈的调节作用。本书依据理论框架和研究模型提出的假设均得到了验证，进一步揭示了不同维度的创客精神对知识工作者创新行为的作用机理，并从创客精神、工作重塑和上级发展性反馈的角度分别提出了知识工作者创新行为的引导策略，以期为企业和管理者进一步解决知识工作者的"异化"问题、提升知识工作者的创新行为、提高企业创新绩效和增强企业竞争力提供参考。

随着知识经济时代的发展，围绕知识创新是各组织维持竞争优势的主要途径。加强知识管理、重视知识创新、不断提升知识工作者的效率是各组织的使命。抓住市场需求、认清市场痛点、捕捉发展机遇是知识工作者的重要任务。知识工作者为抓住市场需求、捕捉发展机遇而实施的创新行为能够提高其创新绩效，从而进一步提升企业和组织的竞争力。

　　在知识经济时代全面创新的大背景下，中外学术界就如何激励知识工作者实施创新行为开展了大量研究。然而，现有的关于如何提升知识工作者创新行为的理论框架研究视角单一，缺少全域性和系统性，未能对该命题进行统摄性的指导、形成有针对性的对策，无法为企业管理者进一步加强对知识工作者的管理提供参考。本书基于国内外学者的研究，从创客的实践出发，通过探索数字经济时代创客群体的价值共生对创客精神开展研究，从而进一步探索创客精神与知识工作者创新行为的关系。

　　本书主要研究内容和研究成果如下：

　　首先，进行社会资本理论、资源保存理论、特质激活理论的研究。通过对社会资本理论的研究，进一步揭示了基于社会资本理论的创客精神的生成机制及其对创新行为的影响作用。社会资本的产生建立在社会网络的基础上，构建了一种社会内部的信任、网络与规范。创客精神是创客在从事以创新为代表的创客运动的过程中通过价值共生形成的内部信任与规范，属于一种社会资本，对创新行为具有深远的影响。本书还提出了社会资本对知识工作者创新行为和创新绩效促进和提升的机理；依据资源保存理论及其推论，进一步提出了工作重塑在创客精神和知识工作者创新行为之间的中介效应；依据特质激活理论，进一步推演上级发展性反馈在创客精神与知识工作者工作重塑之间的调节效应。通过对系列理论的分析和研究，构建了以社会资本理论为基础的知识工作者创新行为研究理论框架及分析模型，奠定了全书研究和分析的理论基础，也为后续开展实证分析奠定了基础。

　　其次，在社会资本理论的指导下，深入开展对创客精神的研究。本书指出，创客精神是数字经济时代创客及创客群体通过价值共生形成的稳定的价值体系。创客精神是创客群体的典型价值特征，成为草根群体参与创新、推进创新的重要精神力量。本书通过质性研究、创新性研究，凝练了基于中国情境的创客精神的内涵，并进一步提出了创客精神的四个维度，即创新精神、共享精神、实践精神、创业精神。四个维度的划分为后续深入开展创客精神与知识工作者创新行为的实证研究奠定了基础。

　　再其次，进一步探索创客精神在激发知识工作者创新行为方面的作用。现有文献就企业家精神、企业创新氛围等因素对员工创新行为的影响进行了研究，但忽视了新时期知识工作者的重要精神特质——创客精神对其创新行为的影响。知识工作者的创新行为是知识工作者创新绩效的重要基础，也是衡量知识工作者效率的重要指标。但现有的研究和分析多着眼于通过组织框架或者外部因素来分析创新行为的影响因素，对于如何充分认识创客精神在提升知识工作者的自主性和创新性方面的作用，厘清创客精神对知识工作者创新行为的影响机理还相对缺乏；对于如何通过激发创客精神尊重和协同知识工作者的个性，以及如何通过科学处理知识工作者工作任务与资源之间的关系，从而进一步提升知识工作者的创新行为和创新活力还缺乏系统的研究和论述。本书在借鉴已有研究成果的基础上，构建知识工作者创新行为系统性的理论分析框架，对知识工作者创新行为的生成机理进行系统性的分析和研究，进一步揭示了知识工作者创新行为的影响因素和生成机理，揭示了基于创客精神的知识工作者创新行为的发生机制：创客精神对知识工作者的创新行为有正向促进作用，工作重塑在创客精神与知识工作者创新行为之间起中介作用，上级发展性反馈在创客精神与工作重塑之间有调节作用。本书基于资源保存理论和特质激活理论，进一步引入工作重塑、上级发展性反馈等因素和变量，通过实证分析系统探索创客精神与知识工作者创新行为的关系。

最后，根据实证分析的结果，本书提出了知识工作者创新行为的引导策略。期望本书能够为企业管理者激发知识工作者创新行为和创新活力、提升创新绩效、进一步推动经济社会的创新发展提供参考。

目　录

第一章 绪论

一、研究背景与意义

（一）研究背景

德鲁克认为，提高知识工作者的能力和生产率对推动 21 世纪知识管理工作有重大意义。德鲁克在 1959 年出版的《明日的里程碑》[1]一书中提出了知识工作者的概念，并在《21 世纪的管理挑战》[2]中围绕知识工作者进行了相关研究，指出管理者所要面对的对象从一般意义上的员工转变成了新的"资本"——知识工作者。

第三次工业革命的蓬勃发展推动了网络技术和信息技术的发展，大量的自由职业者和创业者相继涌现，这一现象不仅引起了组织管理者对"知识人"成长与发展的高度重视，也推动了管理学从现代管理范式向后现代管理范式的跃迁。知识与创新是第三代管理学范式的典型特征，也是组织获得持续竞争优势的主要来源。重视知识创新，做好知识管理，不断提升知识工作者的效率是各级组织的使命。知识工作者的一个重要任务就是要抓住现有或潜在的市场需求，对企业或组织的产品和服务进行持续的创新和改进。企业的重要目标是实现利润最大化，而创新行为是知识工作者对产品、服务和商业模式创新的基础和媒介，与企业效益有着密切的联系[3]。

德鲁克认为，企业的终极目的也是经济活动的终极目的，即创造客户。20 世纪 90 年代以来，创客运动的发展经历了从精英创造到大众创造的发展之路，为不同层次的知识工作者用创新创造客户提供了可能。随着互联网与跨境电子商务的飞速发展，3D 打印、3D 扫描及 CNC 激光刻蚀等制造技术的飞速发展，为草根创客降低了将自己的创意转化为创新产品的难度，更为创客用"科学创新打印未来"提供了可能。

进入 21 世纪以来，随着全球经济的网络化、信息化特征日益明显，各国在经济发展实践过程中普遍形成了以创新为动力驱动经济发展、提升生产力水平的共识。而作为创新活动的主要载体，如何激励知识工作者实施创新行为，提升其创新水平、实现高效的创新成果产出已成为现代众多国家、政府、学者关注的研究热点。作为创新意识与创新成果间的纽带，知识工作者的创新行为能有效促进创新意识向创新成果的转化，为社会、企业和个人带来可观的经济效益。具体来看，知识工作者创新行为的产生不仅是其工作效率提高的重要标志，还是创新成果产出的必然要求。近些年，二氧化碳人工合成淀粉、量子计算机、人工智能芯片等科技成果的产出均已充分表明，知识工作者能以其高效的创新行为为引擎，促进科技水平的提升。

随着时代的发展，创客队伍在各创客空间聚集，成为推动产品创新、商业模式创新和服务创新的重要力量。创客因共同的理想和兴趣聚集在创客空间，共享知识，汇聚智慧，共同创造，形成了稳定的价值观——创客精神。创客精神作为一种认知维度的社会资本，其能促进创客间彼此认同，实现知识共享和资源互通，加速技术创新[4]。创客精神应成为推动知识工作者创新的社会资本因素。在大众创新时代，提升知识工作者的工作效率对组织和企业的创新发展具有重要意义。员工的创造力和创新行为是推动组织创新实现组织可持续发展的源泉与动力[5]。员工不断实施创新行为并且创造新型成果有助其实现自身价值，也会为企业的快速发展和壮大打下坚实基础；从企业角度来说，如何激发员工的创客精神，激励员工实施创新行为，与企业创新发展和竞争力的提升有关，是每一个企业都需要认真对待并加以解决的问题。推进知识工作者创新，不断激励知识工作者实施创新行为，推动更多更有效的创新绩效的产生，是进一步回应德鲁克提出的提升知识工作者效率的举措，也是新时期推动经济高质量发展的必然要求。

（二）研究意义

本书的研究意义主要包含理论意义和现实意义。

本书的理论意义：一是丰富了创客及创客精神相关领域的研究。当前，学术界对创客、创客空间及创客精神等虽然开展了一定的研究，但很少有学者会结合中国情境下的创客精神的内涵和特征进行研究。受到经济社会发展现状的差异和中国社会政策的影响，中国创客群体的创客精神与西方国家创客群体的创客精神相比区别较大。因此，科学地界定中国创客群体创客精神的内涵，厘清创客精神的特质和维度，对进一步开展创客及创客空间等相关领域的研究，以及丰富创客创新研究的理论体系有很大的帮助。二是丰富了知识工作者创新行为理论的研究。现有的关于知识工作者创新行为的研究视角相对单一，没能从较为系统和完整的视角剖析知识工作者创新行为的生成机理。本书引入社会资本理论，将创客精神作为认知维度的社会资本加以研究，同时将资源保存理论和特质激活理论引入知识工作者创新行为研究，构建了理论分析框架，并在此基础上开展创客精神与知识工作者创新行为的关系研究，丰富了创新行为研究理论，也进一步解答了如何提高知识工作者的生产率的问题，是对德鲁克知识工作者生产率提升理论的拓展与丰富。

本书的现实意义：一是通过开展中国情境下创客精神内涵和维度的研究，指导创客及创客组织的发展，并为创客空间的建设和发展提供创新思路，从而为进一步发展创客运动及提升区域创新活力提供参考依据。二是首次开展创客精神与创新行为关系的实证研究，进一步拓展了创客精神和创新行为的研究视角，为后续进一步开展相关研究奠定了基础。三是依据创客精神与知识工作者创新行为关系的实证研究，提出知识工作者创新行为的引导策略，建议企业和管理者通过充分发挥创造性工作的"涓滴效应"，构建"创新容错机制"，形成以"间接互惠"为核心的知识共享氛围，合理设置权力距离，科学设置组织架构，提升企业创业导向水平等举措，进一步激励知识工作者实施创新行为，提升企业的创新绩效。

二、国内外研究现状

知识工作者是伴随着世界经济范式由管理的经济转变为创新的经济的时代变迁而产生的，是知识经济的产物。国内外学者针对知识工作者及知识工作者生产率问题进行了大量的研究，形成了较为丰富的理论成果，主要体现在以下几个方面。

（一）关于知识工作的研究现状

知识工作和知识工作者的概念最早由德鲁克提出。德鲁克认为，知识工作是充分体现知识生产性和生产力特点的知识管理活动，其显著特征是充分利用知识与技术提高生产率。我们目前所处的知识经济时代，对知识工作和知识工作者的研究成为经济学、管理学、社会学等领域的热点研究问题。德鲁克认为，创新是知识工作者义务和责任的重要部分，知识工作强调从事知识工作的人要持续不断地学习，并指出质量是知识工作产出的精华和要点所在[2]。

Yau 等人（2003）强调，知识工作的过程和内容主要是脑力活动，并强调知识和信息的处理和运用主要表现为信息处理等各种专业性的活动[6]。他们还总结了知识工作公认的 8 个特征：新类别、职业、承诺、知识运用、知识挖掘、创新知识、持续发展、知识共享。文献还强调，仅根据现有知识来开展工作是不够的，知识工作要求不断应用现有知识来创造新知识，知识工作还应注重知识在组织或团队内部的交流和共享。这些都为本书的进一步研究提供了思路。Dvaenport 等人（1996）认为，知识工作的主要活动是围绕知识展开的，是知识的获取、创造、整理和应用的过程[7]。Sumanth（1984）、Helton（1991）先后用知识运用、复杂性、重复性、决策、技能要求、工作时间周期、单位的工作容量、结构化程度8个具体指标分析和比较知识工作和体力劳动的区别和差异[8][9]。Ziddle（1998）认为，知识工作体现为知识密集和制造知识，把知识工作与专业职位和信息技术相联系[10]。Pugh（2013）对知识在全球工作中广泛应用的趋势进行了研究[11]。Cortada（1998）、Schultz（1963）强调，利用自身和外部的知识来生产以信息为特征的一系列活动是知识工作，知识工作的过程主要通过脑力劳动进行，整个过程包括信息和知识的处理，以及其他各类专业活动[12,13]。Pasi等人（2005）回顾了1962年以来的关于知识工作的代表性研究，指出学术界关于知识工作的定义比比皆是，却很难对知识工作进行清晰和简洁的定义[14]。Staats和Brunner（2011）的研究讨论了知识工作的任务不确定性、过程不可见性和架构模糊性的特征[15]。Ellis（2020）从5个方面论述了知识工作的价值，即合理的目的、利益、创新、保护和共享，强调知识工作应侧重于通过更具吸引力的工作给客户提供更好的体验和提升组织的业绩来创造价值[16]。Palvalin（2019）研究了知识工作效率的影响因素，指出知识工作者面临的社会环境、福利和工作实践等都对知识工作效率有一系列的影响[17]。

国内学者围绕知识工作的工作过程、内容和特点等展开了一系列研究。孙锐等人（2010）深入研究了知识工作、知识团队、知识工作者及其有效管理的途径。他们强调，知识性工作与传统工作相比具有其独特特征，具有较高程度的不确定性和模糊性[18]。杨文彩等人（2006）认为，在知识经济时代，知识工作的工作过程、工作内容和工作特点都随着时代的变化而发生了变化，特别是知识工作的过程，其呈现出知识产出难以量化和过程非程序化的显著特征[19]。王大群（2012）基于知识工作研究的成果，综合经济学、管理学的"生产"概念、复杂科学的"复杂性"概念及系统科学的"系统"概念，在人类生产活动中将知识工作定义为复杂性的生产系统，并从新的视角诠释了知识工作。他提出，知识工作从根本上可以被归类为拥有三个维度的复杂生产系统：投入知识系统产出功能，投入认知系统产出智能，投入步骤序列产出效能[20]。艾娟（2004）提出了关于知识工作的界定标准，即主要以工作的规范性和工作的程序性来判断该项工作是否是知识工作。具体而言，若该项工作的实施过程及内容未明确体现出流程化和规范化，则界定其为知识工作。也就是说，知识工作具有非流程化和非规范化的特征[21]。王方华（1999）、齐建国（2001）、吴季松（1999）也对知识工作开展了系列研究，提出"学习新知识与创造新产品"为知识工作的核心内容[22-24]。具体而言：知识工作是指对知识的学习、利用、交流和创造新知识的工作。知识工作通常以团队和项目合作的形式呈现，不拘泥于相对固定的工作场所，可依托互联网技术组成虚拟项目组或工作团队来完成任务，且能够摆脱专业、职能和部门的限制，在相互协同、互相交融的情境下开展工作。因此，在知识经济时代该模式可概括为创客的工作模式。

通过对文献的归纳与总结，本书认为，国外学者对知识工作的研究较早，他们主要从知识工作的特征出发研究知识工作。国外学者普遍认为知识工作是知识经济时代掌握一定知识和技能的工作人员依靠信息技术和知识开展的相关工作的统称。经过系统梳理不难发现，虽然国外学者关于知识工作的观察和研究的角度是不同的，但关于知识工作的一些总体特征可以得到较为广泛的认同。国外学者还围绕知识工作的效率开展了系列的研究，但现有研究尚未能就如何提升知识工作的效率形成较为系统的研究结论。国内学者强调，"学习新知识与创造新产品"是知识工作的核心内容，知识工作要以知识的创新服务为目标，知识工作的研究要充分关注从事知识工作的主体——知识工作者。因此，本书将在现有研究基础上进一步聚焦知识工作者这一特殊群体，围绕如何提升知识工作的效率继续展开研究。

（二）关于知识工作者的研究现状

知识工作者是伴随知识经济的发展而出现的，是在世界经济范式由管理型经济转变为创新型经济的时代产生的。1980年后，世界经济开始了从管理型经济向创新型经济的转变。1994年，德鲁克强调，人类社会正朝着知识社会的方向前进，并提出了建立一个与知识经济不同的更广泛的知识型社会的设想。德鲁克于1959年提出"知识工作者"概念：一般经过正统教育，并且通过知识和信息开展知识工作从而得到工作、岗位和社会地位的人被称为"知识工作者"。电脑技术员、软件开发者、医生、律师、会计师等都是典型的知识工作者[25]。知识工作者接受了扎实的教育，具有较强的分析创新能力，能够充分利用现代知识和技术提高工作效率。

知识工作及知识工作者都是知识经济时代的产物，知识工作的承担者是知识工作者。知识经济时代的到来，使得知识作为一种全新的生产要素被引入生产活动中，并对其他生产要素产生了很大的影响。知识要素的引入，使得原来意义上以计件为主要特征的劳动者转变为现在的知识工作者，知识工作者成为劳动者队伍中一个全新的群体，在知识工作中扮演着承担者的角色。随着知识经济不断发展，在现代生产过程中，知识被认为是知识经济时代全新的生产要素，劳动者作为生产过程的主导力量也深受影响，知识经济时代的知识工作者逐渐取代旧有的劳动力。

　　跟知识工作研究一样，国外关于知识工作者的研究也是比较早的。马克卢普是首位通过统计分析的方式开展知识工作者相关研究的美国学者，他从知识产业的角度对知识工作者开展研究，按照他的观点，知识工作者是从事知识的生产和传播的那些人[26]。马克卢普的研究推动了知识工作者研究的广泛开展。Quinn（1996）、Levitt（1988）对知识工作者的分布、知识工作者对组织的重要性、组织对知识工作者的依赖及知识工作者对组织的依赖等进行了系统的研究和分析[27][28]。加拿大学者赫瑞比指出，知识工作者是运用智慧创造出的价值要高于其动手所创造价值的员工[29]。德鲁克指出，作为一名知识工作者，要在具备知识传承和知识创新能力的同时，充分运用现代科学技术来提高工作效率，因此知识创新能力是知识工作者最重要的特点。鲁迪·拉各斯等人（2002）总结概括知识工作者是在工作中因思考而获得报酬的人，具体可以定义为专业者、高层管理者、技术人员、工程师和科研人员。通过分析产业中知识工作者的占比，她提出知识工作者在"高技术"产业中是必需的，例如业务咨询行业、计算机硬件、通信技术和制药等[31]。科塔达（1999）认为知识工作者是以收集和使用信息为主要职业的各界人士[32]。赫瑞比（1990）总结概括知识工作者是勤于用脑来创造财富并通过自己的创意、分析、判断、综合、设计给产品带来附加价值的人[29]。她认为知识工作者是更善于用智慧来创造财富的人，且勤于思考，善于用分析、创意、判断、设计，以及综合等方式增加产品的附加值。她还认为，知识工作者是组织中最重要的资源，组织的发展过程应注重将智力资本转化为组织的竞争优势。Backlander等人（2021）考察了知识工作者工作强度的来源，以及知识工作者应对工作强度的自我引导策略[33]。K. A. Wadei等人（2021）研究了变革型领导与知识工作者创造性绩效之间的关系，指出变革型领导行为会影响知识工作者的思考方式并促进其跨界活动行为，进而影响知识工作者的创造性绩效[34]。Razzaq等人（2019）系统研究了知识管理、组织承诺与知识工作者绩效提升的关系，通过对341名知识工作者样本的研究指出，有效的知识管理能够促进知识工作的组织承诺和工作绩效[35]。Shujahat等人（2020）通过开展知识工作者个人知识管理的研究，指出工作定义、创新的工作要求和终身学习的导向对知识工作者的个人知识管理产生积极影响，从而影响知识工作者的生产力[36]。

　　在知识工作者工作量的测量和评估方面，Kidd（1994）指出，知识工作者的工作输出和贡献是难以衡量和测算的[37]。Ramirez（2006）用8个维度区分知识工作和体力工作，并提出了知识工作量化的框架模型，为知识工作的研究做出了贡献[38]。总体而言，知识工作的测量是一个非常复杂的问题。

　　通过国外学者对知识工作者系列研究的梳理不难发现，知识工作者是主要使用知识和技术创造财富的人，知识工作者的劳动与体力劳动者的劳动相比具有自主性和不确定性，特别是相较于体力劳动者的劳动成果而言，衡量知识工作者的劳动成果更困难、更复杂。而现有的知识工作者的创新行为是知识工作者在全新的构想基础上开展的实践活动，对创新绩效和工作效率有重要影响，创新行为易于测量和衡量。国外学者的系列研究为本书后续进一步研究提升知识工作者生产效率，激励知识工作者实施创新行为研究奠定了基础。

我国的学者也就知识工作者开展了系统的研究，曾经以脑力劳动者、知识分子、科技工作者等概念来形容以知识为基础开展相关工作的人。国内相关学者曾以"知识分子""脑力劳动者"等称呼命名知识工作者，但上述称呼均是片面的，难以全面反映知识经济的时代特征。

杨杰等人（2004）认为，知识型员工的实质就是那些开展知识工作的人[39]。黄卫国等人（2006）从企业知识价值链的角度定义了知识工作者，指出：知识工作者需具有独立思考和判断的能力，开展知识学习和获取、知识创新和创造、知识共享及应用等非结构性任务，其主要在企业的知识价值链上展开[40]。屠海群（2000）认为，知识工作者的主要目标是使企业及相关团队的资本增长，其主要通过生产、创造、扩展与应用知识等活动实现[41]。彭庆华（2009）认为，知识工作者是以生产知识、创造知识、对知识进行扩展与应用为职业的专门人员，并把围绕知识开展的一系列工作为企业的知识资本增值。他还强调，知识工作者应从三个维度衡量：第一，知识工作者需要掌握一定的知识和技术；第二，知识工作者主要从事知识密集型的工作和活动；第三，知识工作者以知识工作为职业，为现实的企业（或组织）知识资本的增值而努力[42]。陈丽萍（2003）详细阐述了知识分子、脑力劳动者、人才三个概念与知识工作者概念的差异，认为知识分子虽掌握了一定的科学文化知识，但不一定以知识工作为职业；脑力劳动者的概念将"体力劳动"之外的工作人员囊括进来，但同时也包括了与知识资本关联度不大的工作者，缺乏知识性显著特征；人才的概念则过于宽泛，泛指有学问的人，或具有某种特长的人，强调的是能力，而不是知识。知识工作者拥有知识资本这一生产资料，而这也就成为知识分子不同于其他劳动力的主要特征。陈丽萍还重点研究了知识工作者的异化现象，强调科技矛盾，尤其是妨碍他们发展其科技方面兴趣的矛盾，会导致知识工作者的异化[43]。

国内外学者对知识工作者的一系列研究大多集中在知识经济时代背景下，强调知识是知识工作者的时代特征，认为知识工作者是充分掌握知识、不断学习新知识、将知识运用于工作中、运用知识解决实际问题和创造绩效的职业工作人员。国内外学者还就知识工作者工作量的衡量与评估开展了研究，普遍认为知识工作者的工作输出和贡献是难以准确量化衡量的。现有文献表明，大多数中外学者认为，知识工作者是知识经济时代掌握知识和技能的一个特殊群体，应充分重视知识工作者利用知识开展工作、实施创新、推动创新发展的能力，同时还要重视知识经济时代知识工作者的"异化"现象，并在管理知识工作者的过程中对其进行引导。但现有研究尚未能就如何切实解决知识工作者的"异化"现象和提升其工作效率提出具体的工作举措。本书进而提出要聚焦知识工作者创新行为的研究，通过提升创新行为来提高知识工作者的效率。

（三）关于知识工作者创新行为的研究现状

哈佛大学学者克里斯滕森在《创新者的窘境》一书中提出了企业管理层强有力的决策虽然有利于企业发展，但同时也会导致企业因此失去领先地位的经典困境[44]。这一困境充分说明了在知识经济时代把握市场需求、通过不断创新实现产品迭代的重要性。

在现代生产市场中，虽然企业是创新的市场主体，但员工才是企业创新的根源，而知识工作者更是企业中开展技术创新、产品创新、实施创新导向战略的核心力量。企业或组织中的知识型工作者的行为对企业的创新发展有着很大的影响，主动、有效地实施创新行为的知识型工作者能更好地推动企业的创新发展。

1912 年，约瑟夫·阿洛伊斯·熊彼特首次提出创新的概念，他通过研究发现，创新就是一个对各生产要素重新组合的过程，在生产过程中表现为用全新的生产工序和流程加工生产来加工原材料，或者在新的市场推广生产的成品产品或者半成品产品，最终起到调整行业产业格局的作用[45]。

创新行为就是基于创新的需求和特性而提出的概念。Van de ven（1986）较早提出了创新行为的概念，认为创新行为就是个体在全新构想的基础上实施的实践活动[46]。Shalley（1995）指出，知识员工的创新行为是组织创新的核心要素[47]。国外的学者还从创新阶段和员工个体特征两个角度来阐述员工创新行为的概念和内涵。Kanter（1988）把最初的员工创新行为理解为一种认知的形成和思考的过程，通过复杂的经历演变过程后，创新行为逐渐演化为企业的新产品、新服务[48]。West（1996）认为，创新行为是对新的想法和创意进行意念创造、介绍并应用的过程[49]。Damanpour（1991）认为，创新行为就是在生产产品的过程中提出创意，并将创意付诸实践[50]。Scott 和 Bruce（1994）将员工的创新行为概括为三个步骤：第一步，发现并确定产生的问题并将其转化成可展示和执行的具体方案；第二步，对第一步的方案进行可行性分析；第三步，完成创新构思，并付诸实践[51]。Zhou 和 George（2001）认为，创新行为指的是员工不仅有了新的想法，还要将想法付诸实际的行动[52]。Janssen（2000）认为，创新行为包括创新思维形成、创新思维提升及创新思维实现三个阶段[53]。Robert 和 Christopher（2001）认为，创新行为就是将个人的特征、特性、行为及产出概念化[54]。

国外学者还对知识工作者创新行为的影响因素开展了研究和探讨，主要分为内部因素和外部因素两个方面。内部因素主要指个体因素，即知识工作者自身的个人特征；外部因素主要包括组织环境、领导因素和工作特征。

个体因素的影响：Amabile（1994）利用动机协同模型研究发现，内在和外在动机都对员工的创新行为有影响，因此要想提升员工的创新能力，需要员工有效协同内外动机[55]。Spreitzer（1995）研究发现，提升员工的创新能力和积极主动性，需要加强员工的心理授权和自我效能[56]。Amabile（1996）在研究中指出，内部动机和外部动机对员工的创新行为有不同的影响，内部动机对形成创新行为有着促进作用，而不同的外部动机有不同的影响，例如：控制性的外部动机会抑制员工实施创新行为，信息性的外部动机会激励员工实施创新行为[57]。Sternberg 等人（1997）在研究中将个体的认知类型分为发明型、评价型、完善型三类，其中具有发明型认知特征的个体更具创新特质，能够实施更多的创新行为[58]。Isen（2005）研究了情感因素与员工创新行为的关系，进一步提出积极情感能够正向影响员工创新行为[59]。Coyle-Shapiro（2000）研究了组织内关系网络对员工创新行为的影响，进一步提出组织支持、明确清晰的组织目标及较小反馈等因素对员工的创新行为产生积极影响[60]。Guest（1998）进一步研究认为，在一定的情境下，员工的消极情感也有利于激发员工的创新行为[61]。Zhou（2001）的研究指出，员工的工作满意度是一个非常重要的因素，员工对自己的工作满意度越高，其越有可能实施有创新性的行为[52]。

组织环境因素的影响：Scott（1995）提出组织氛围对员工创新行为能起到重要影响，并总结概括为三个方面——领导者能力、组织业务流程和奖罚制度[62]。West（1996）通过研究进一步指出，组织的创新氛围、清晰明确的组织目标和任务对知识员工的创新行为会产生积极的效应[49]。Sternberg（1999）以欧洲的公司为对象开展了研究，系统分析了公司系列因素对员工创新行为的影响，并指出影响员工创新行为的公司内部因素主要有：公司的地理位置、管理层对创新的认知和态度、员工的能力及员工对创新的认知和态度，等等。而影响员工创新行为的公司外部因素主要包括公司的外部的宏观环境、政府的政策等因素[63]。Perry（2006）指出组织的网络关系强度同样影响着员工的创新行为[64]。Pate（2006）在其研究中也指出，组织的网络关系强度对员工的创新行为有影响[65]。Wang H. 等人（2018）研究了员工创新行为的生成机制，指出企业社交软件的使用、资本再生产、被认同和创造性实践都会对员工的创新行为产生影响[66]。该研究通过开展企业社交软件和创新性实践对员工创新行为影响的研究，为进一步研究共享、创新实践与创新行为的关系奠定了基础。

领导因素的影响：Scott（1994）通过研究指出，知识员工的创新行为的产生也会受到公司领导和所在工作团队的影响[51]。Amabile（1996）提出，员工创新行为的产生受领导者和工作环境的影响，对员工的创新能力和技能高度重视的领导者，以及一个拥有创新文化氛围的工作环境，对激励员工实施创新行为、贡献创新力量有积极影响[57]。Janssen（2001）提出，领导者或部门主管的支持对员工的满意度和创新行为有影响[67]。Su 等人（2018）研究了上级发展情感反馈对员工创新行为的影响，指出上级发展性反馈对工作投入和下级创新行为具有正向影响[68]。Zhu 等人（2017）基于知识主动理论探讨了内隐追随理论对员工创新行为的影响，并指出内隐追随理论与员工创新行为部分正相关[69]。Bourini 等人（2021）研究了支持型领导行为与员工创新行为的关系，指出支持型领导行为通过影响员工的好奇心和吸收能力来影响员工的创新行为[70]。上述系列研究为本书进一步深入研究领导者的反馈对知识工作者创新行为的影响提供了参考。

工作特征因素的影响：Bunce 等人（1994）的研究指出，工作的技能要求与员工的创新行为的产生成正比[71]。Janssen（2001）的研究提出，工作要求与员工创新行为遵循边际效率递减规律，即：当工作要求达到一个极限时，员工的创新行为反而会削弱甚至被抑制[67]。Perry-smith 和 Shalley（2003）的研究指出，外在因素中的社会资本会影响员工的创新行为[72]。Ramamoorthy（2005）认为工作的挑战性和复杂程度会激励员工实施更多的创新行为[73]。

在创新行为的维度与测量方面，Scott 和 Bruce（1994）认为员工创新行为包含三个维度：一是发现存在的问题，展示初步创新构想并拟定具体执行方案；二是创新构想的可行性分析；三是推广新思想和新方案，并完成创新构想[51]。本书倾向于将创新行为的维度划分为创新想法的产生和实施两个部分。测量员工创新行为的测量量表类型丰富，主要分为单维结构量表和多维结构量表。研究者可以根据创新及创新行为的概念，开发出不同维度的测量量表对创新行为进行测量。Krause（2004）开发的创新行为量表包括构想产生和构想执行两个部分，并设置了 8 个条目进一步探讨情境知觉、领导与创新行为的关系[74]。目前在国外普遍认可的是 Scott 和 Bruce 针对研发部门员工设计的单维度量表——个体创新行为量表。与其他人对创新行为进行定义不同，Scott 和 Bruce（1994）对创新行为的测量是将创新行为作为一个维度进行测量的。

国内的学者立足于探索知识工作者生产率的提升和创新绩效的提升，对知识工作者创新行为也开展了较为系统的研究。李佳宾（2017）通过实证研究的方式重点研究了员工的创新行为对创新绩效的影响，其结果表明，员工的创新行为对创新绩效具有正向作用。同时他指出，员工在推进创新工作任务的进程中，创新效率会随着员工在任务完成过程中使用新方法、推广新技术和产生工作经验而不断提升[75]。因此，新企业应当积极鼓励员工进行创新活动，从更新软硬件条件及完善激励政策两个方面为员工创造良好的创新环境，进而激励员工实施创新行为。

蔡建群等人（2008）提出，员工在知识工作中产生的创新性思路和解决方案并将其付诸实践的行为均为创新行为，同时包括产生创新性方案构思及实践两阶段中的行为特征[76]。刘云和石金涛（2009）认为，员工创新行为可理解为新观点与新技术的产生及构成，其主要在企业员工生产经营产生、引用和引进新思想、新观念、新技术的过程中呈现[77]。顾远东（2010）对员工创新行为进行新的定义，该行为包括了构想的形成及构想的实施两个阶段，其形成于员工创新构想付诸实践的过程中[78]。刘顺忠（2011）指出，员工创新行为包括三个方面，即创新思维的产生、实施创新、倡导创新[79]。张惠琴等人（2014）、卢小君等人（2007）在充分结合中国情境和承袭国外专家 Kleysen（2001）的观点的基础上进一步指出，创新行为包括创新想法的形成和实施[3][80]。

国内学者还就创新行为影响因素展开了研究。张惠琴等人（2014）的研究表明，变革型领导行为的各维度均对知识型员工产生创新思想具有显著的正向作用，其中不同维度的变革型领导行为对员工的创新工作实践所产生的影响不同。例如，领导者有意识地给员工增加创造性的资源和对员工创造性的行为给予积极的期望与授权，能够显著提升员工创新的执行力[3]。卢小君等人（2007）研究了工作动机与创新行为的关系，并指出外部动机对员工创新构想的执行阶段产生正向作用，而内部动机是影响个人创新行为的关键因素，对创新构想的产生和执行都有重要影响[80]。郝旭光等人（2021）运用扎根理论的方法对平台型领导行为展开了分析，研究了平台型领导对员工创新行为的正向影响[82]。宋思远（2019）主要从工作场所及学习的动机、内容、互动等几个方面研究了企业员工工作场所学习对其创新行为的影响，并强调工作场所、学习动机、学习内容等都对员工创新行为有影响：学习动机主要影响创新行为的持久性，学习内容主要影响创新行为的突破性，而学习互动主要影响创新行为的原创性[83]。朱平利和刘娇阳（2020）的研究认为，上级企业家精神对员工创新行为有显著影响[84]。魏江（2020）从组织创新氛围的角度探索创新人才创新行为的影响因素，指出组织的创新氛围对员工的创新行为有正向影响[85]。

曹勇和向阳（2014）重点研究了企业知识治理、知识共享与员工创新行为的关系，认为创新行为的影响因素主要可分两个类型，即个体因素和组织环境因素。个体因素主要包括人格特质和心理状态两个方面，组织环境影响因素方面主要有领导风格、组织结构、工作特征及组织氛围[86]。李建军（2016）认为现有员工创新行为影响主要有个体因素、组织环境和工作特征[87]。个体因素主要包括个体的特征和心理素质两个方面，具体而言：个体的特征是指开放性人格、创新性趣味、自我满足感，而个人心理素质体现在工作成就感、情感文化两个维度。组织环境体现在组织的升职空间、培训机会、竞争力薪酬体系、团队协作与领导风格特征等方面。工作特征体现在工作任务的复杂程度、工作任务的挑战性、工作自主完成能力与工作中的获得感等影响因素。也有学者就人力资本、领导风格、社会资本和企业文化等因素对员工创新行为的影响进行了研究。贾敬远（2018）重点研究了新生代企业家的创新行为，并指出影响新生代企业家创新行为的内部因素主要有传记性特征和创新精神，其中传记性特征主要指年龄、性别、教育程度、家庭背景等方面[88]。王蕊和叶龙（2014）的研究认为，科技人才的学习性、自控能力和支配性对其创新行为有正向影响[89]。刘平青和崔遵康（2022）就中国情境下精神型领导对科研人员的创新行为的影响因素展开了研究，指出精神型领导正向影响科研人员的创新行为，并进一步指出工作使命感在两者之间起中介作用[90]。

综合国内外学者对创新行为的研究，多集中在创新行为的定义、特征和测量，并就创新行为的影响因素开展了研究，形成了一定的理论成果。在创新行为的影响因素方面，相关学者从个体因素、组织环境和工作特征等方面进行了研究，形成了较为丰富的成果。创新行为是创新成果形成的重要基础，但支撑和推进个体创新行为的精神因素在现有的研究中没有得到很好的阐释。习近平总书记在 2020 年科学家座谈会上的讲话中指出，"科学成就离不开精神支撑"[91]，并就大力弘扬科学家精神、推动科学家的科技创新和科技发展提出了要求。结合相关研究，本书试图通过研究寻找激励知识工作者实施创新行为的精神因素，从而形成提升知识工作者创新行为的系统性成果。

（四）研究现状评述

综上所述，国内外学者围绕知识工作、知识工作者、知识工作者创新行为等开展了大量的研究工作，并形成了丰富的学术成果。这些学术成果主要体现在以下几个方面：

第一，研究结果详细论述了知识工作的内涵和外延，并充分阐述了知识工作形成的经济社会发展背景。已有研究指出，随着时代的发展，知识工作在现代经济社会运行和发展中发挥着越来越重要的作用。新的时期，知识工作面临的复杂性和不确定性进一步增加。知识工作往往以团队和项目合作的形式呈现，不受工作场所的约束和限制，并且可以借助网络平台组成虚拟或在线的工作团队和项目开发团队共同完成任务，网络平台能实现不同部门、不同专业、不同职能的知识工作者协同交融共同开展工作。充分认识知识工作的这一特征是本书进一步开展知识工作研究的关键所在。

第二，现有研究还对知识工作者及知识工作的效率进行了系统的研究。21世纪，知识工作者是一切组织和企业生存和发展的重要资源。已有的研究将知识工作者上升到资本的角度，突出强调知识工作者是世界经济运行和发展的"知识资本"。综合知识工作者相关理论的研究，本书认为，知识工作者生产效率的研究和衡量一定要充分考虑知识工作者与普通的体力劳动者的区别。知识工作者是运用所掌握的知识创新性地解决问题，为企业和组织创造效益的一个群体。为了应对经济全球化和经济发展面临的不确定性，各级组织更要充分重视知识工作者在促进和推动技术创新和产品创新方面的作用，重视知识工作者在推动企业和组织创新发展上的重要作用，认识到提升知识工作者的效率就是要进一步提升知识工作者的创新绩效。基于现有的研究，本书进一步认为衡量知识工作者工作效率一个重要的考察点就是知识工作者的创新能力和创新性成果。而知识工作者的创新行为是产生创新成果和提升创新绩效的前提，知识工作者应当通过积极的创新行为来创造创新业绩。因此，本书的研究对象是知识工作者的创新行为。

第三，现有研究对知识经济时代创新行为的概念和影响机制等展开了系列研究。知识工作者的创新行为是组织和企业进一步提升创新绩效的关键因素。综合创新行为的系列研究，大部分学者认同创新行为包括创新理念的形成和创新观念的实现两个部分，并且认为创新行为是可以被量表测量的，创新行为可以作为衡量知识工作者效率的重要依据。知识工作者的创新行为受到上级企业家精神和企业创新氛围等因素的影响。知识工作者内部动机、自我效能感等因素也是影响创新行为的重要因素。

此外，现有研究还存在以下不足：

第一，现有研究的理论框架研究视角单一。综合已有的关于知识工作、知识工作者及知识工作者创新行为等的研究可以看出，国内外学者都能够充分认识到知识经济时代知识工作的新特点，并着眼于提升知识工作者的效率开展了系列研究。部分学者立足于提升知识工作者的创新绩效，开展了对创新行为的研究，但不同学者根据自己的研究诉求，可能会随机或零散地从某一理论视角来剖析知识工作者创新行为的生成机理，但现有的研究缺少全域性、系统性的理论分析框架对该命题进行统摄性的指导。本书基于社会资本理论、资源保存理论和特质激活理论的研究，构建了知识工作者创新行为研究理论框架及分析模型，引入创客精神的概念，进一步探索了创客精神对激发知识工作者创新行为的作用。

第二，现有研究虽然就企业家精神、企业创新氛围等因素对员工创新行为的影响进行了研究，但忽视了新时期知识工作者的重要精神特质——创客精神对其创新行为的影响。本书后续研究进一步表明，创客精神是进入全面创新时代草根群体广泛参与创新不可忽视的一种精神力量，现有对创客精神的研究尚处在基础层面，对数字化时代中国创客精神的形成机理及其内涵和特质尚缺乏系统的探讨，特别是如何充分发挥创客精神的作用、进一步提升知识工作者的创新行为和创新绩效尚缺乏深入的研究。当前国内外学者的研究指出，知识工作者创新行为是知识工作者创新绩效的重要基础，也是衡量知识工作者效率的重要指标。现有研究提出了影响知识型员工创新行为的因素，并指出了进一步激励知识工作者实施创新行为的路径和方法。但现有的研究多着眼于组织框架或者外部因素，对于如何充分发掘创客精神的内在作用和力量，充分认识创客精神在提升知识工作者自主性和创新性方面的作用尚缺乏系统的研究。

第三，创客精神对知识工作者创新行为的影响机理还相对缺乏。如何通过激发知识工作者的创客精神，尊重和协同好知识工作者的个性，通过科学处理知识工作者工作任务与资源之间的关系，进一步提升知识工作者的创新行为和创新活力仍缺乏系统的研究和论述。

基于现有的研究基础，针对上述前人研究的不足，本书拟构建创客精神的质性研究框架，将以中国典型的创客及创客群体作为研究对象，深入研究中国情境下创客及创客群体所具有的创客精神的内涵和维度，厘清创客精神的发展脉络、精神内涵及维度。本书还将进一步开展对社会资本理论、资源保存理论及特质激活理论的研究，系统构建知识工作者创新行为研究的理论框架，继而系统剖析创客精神对知识工作者创新行为的影响机理和作用功效，提出进一步激励知识工作者实施创新行为的路径、提升创新绩效的引导策略。

三、研究内容

本书着眼于提升知识工作者效率，将知识工作者创新行为作为研究的切入点。第三次科技革命时期生产设备与一线体力劳动者是企业最核心的生产竞争力，而进入第四次科技革命时期，高效的知识工作者是组织或企业最核心的生产竞争力。企业管理者首要的管理任务就是促进知识与知识工作者效率的提高。而知识工作者的创新行为是知识工作者实现创新的基础，更是企业推进产品创新和服务创新，以及提升利润的关键要素。根据上述研究背景的分析，本书认为，20世纪提升体力劳动者的效率主要得益于以泰勒为首的将"效率精神"视为核心的科学管理者的理论知识和实践经验。21世纪提升知识工作者的效率的关键在于，要进一步研究知识工作者开展创新性工作的规律，掌握激励知识工作者实施创新行为、形成创新成果的关键影响因素。创客精神为新时期研究和分析知识工作者创新行为的影响因素提供了新的视角。本研究侧重于发掘创客精神的重要力量，进一步探索创客精神对知识工作者创新行为的影响机制和作用功效，继而剖析如何进一步激励知识工作者实施更多的创新行为，提升知识工作者的效率。

（一）研究的主要问题

本书研究的主要问题体现在以下四个方面：

第一，基于中国情境的创客精神内涵研究。创客精神的形成和发展具有时代特征，在不同时代有不同的实质和表现形式。结合共生管理理论，对数字化时代中创客个体的价值共生进行研究，准确把握创客精神的内涵；从中国丰富的创新创业实践中进一步提炼创客精神的特质，形成基于中国情境的创客精神内涵。

第二，创客精神的具体维度研究。创客精神的维度是研究的重要内容之一。创客精神与创新精神、企业家精神有相通之处，但是创客精神又与企业家精神、创新精神有着很大的区别，本书将进一步开展创客精神维度的研究，形成基于中国情境特质的创客精神维度。

第三，知识工作者创新行为的影响因素研究。在充分研究和界定创客精神内涵和维度的基础上，通过开展社会资本理论、资源保存理论和特质激活理论的研究，构建知识工作者创新行为研究的理论分析框架，进一步开展创客精神与知识工作者创新行为关系研究。

第四，创客精神与知识工作者创新行为关系研究。以社会资本理论为指导，研究创客精神对知识工作者创新行为的正向影响，并进一步开展资源保存理论研究下工作重塑的中介效应研究和基于特质激活理论的上级发展性反馈调节效应研究，科学构建创客精神与知识工作者创新行为关系的分析模型。

（二）基本框架

基于研究的主要问题，本书一共分为八章：

第一章，绪论。在对研究背景进行全面概述的基础上，进一步阐述研究的理论意义和现实意义；在对国内外相关学者的学术成果进行充分研究和综述的基础上，从学术研究的角度引出本书研究的主要问题；在概述主要问题的基础上，提出本书研究的内容、技术路线与研究方法；最后提出本书研究的创新点。

第二章，相关概念界定与理论基础。首先对创客、创客精神、创新行为等相关概念进行界定，其次概述社会资本理论、资源保存理论和特质激活理论对本研究的支撑作用，最后阐明扎根理论及运用相关分析软件，如 SPSS、AMOS 等分析工具的适用性，为本书后续的研究与分析奠定基础。

第三章，创客精神内涵与维度研究。在相关概念分析的基础上，厘清创新精神的基本内涵。针对前人关于创客及创客精神研究的不足，特别针对创客精神的研究较少、创客精神相关维度划分不够精准和清晰等问题，运用扎根理论的分析方法将 49 个典型的创客案例进行编码分析，进一步凝练出创客精神的四个维度。

第四章，创客精神与知识工作者创新行为关系分析模型构建。基于社会资本理论，重点关注个体层面的社会资本如何进一步影响创新行为，同时通过开展资源保存理论和特质激活理论的研究，探讨基于资源保存理论的工作重塑中介效应和基于特质激活理论的上级发展性反馈的调节效应，据此构建知识工作者创新行为研究的理论框架。在明确创客精神的研究变量的基础上，进一步构建创客精神对知识工作者创新行为影响关系的框架模型，并对相关变量之间的关系进行解释和说明，提出研究假设，从而构建出创客精神、工作重塑、上级发展性反馈和创新行为的关系模型。

第五章，创客精神与知识工作者创新行为关系的研究设计与方法。在构建创客精神与知识工作者创新行为关系模型与研究假设的基础上，采用问卷调查的方法对研究模型进行实证检验。重点阐述调查问卷的设计、调查对象的选取，以及数据收集的过程。同时还重点概述了模型中创客精神、工作重塑、上级发展性反馈、知识工作者创新行为，以及控制变量等变量量表的选取，为后续的数据分析和假设检验做了铺垫和支持。

第六章，创客精神与知识工作者创新行为关系实证研究。在第五章研究设计与方法的基础上，通过对问卷调查所收集的数据做进一步分析，得出初步的结论。研究主要采用 SPSS 24.0 软件和 AMOS 24.0 软件，对所获得的 495 份有效问卷数据进行实证分析，并对提出的假设进行验证。研究结果表明，本研究提出的 17 条假设都得到了数据支持。

第七章，知识工作者创新行为引导策略。充分结合前文研究所得出的结论，系统总结知识工作者创新行为的影响机制并重点分析和探讨了知识工作者创新行为的引导策略。依据社会资本理论，结合实证分析，充分论证创客精神对激发知识工作者创新行为的积极意义；针对工作重塑在创客精神与知识工作者创新行为之间的中介作用和上级发展性反馈在创客精神与工作重塑之间的调节作用，系统构建知识工作者创新行为的提升路径；根据理论分析模型和实证分析结果，提出知识工作者创新行为引导策略，为企业和管理者加强对知识工作者的管理和引导，以及推动企业的创新跃迁提供参考和依据。

第八章，结论与展望。归纳总结本书的研究结论，提出相应的研究展望。

四、技术路线与研究方法

（一）技术路线

本书各章之间的逻辑关系为：第二章是理论基础，为后续研究提供理论支撑；第三章是基于创客精神的质性研究，通过使用扎根理论分析工具，对典型案例进行分析，得出创客精神的内涵和维度；第四章是创客精神与知识工作者创新行为之间的关系构建，在前面研究的基础上，构建创客精神与知识工作者创新行为之间的结构关系和模型，并提出研究假设，为后续进一步的定量分析奠定基础；第五章是本研究的变量测量和问卷设计过程，为后续开展实证分析做充分的准备；第六章是本研究的数据获取过程和实证分析部分，通过理论研究和搜集到的数据，进行知识工作者创客精神与创新行为之间的相关分析，进一步验证假设；第七章是知识工作者创新行为的引导策略研究，在前六章研究的基础上，根据假设验证和理论研究，进一步提出知识工作者创新行为的引导策略；第八章是研究结论和展望。

本书从分析国内外研究现状和知识工作者效率提升方面面临的现实问题入手，在充分分析不同经济发展形态下管理范式变迁的基础上，深入开展中国情境下创客精神的内涵和维度研究，依据社会资本理论构建创客精神与知识工作者的创新行为关系研究的理论模型并提出假设，最终进行验证，探索创客精神与知识工作者创新行为之间的关系，进一步提出研究内容、研究方法和内容逻辑框架，归纳研究的创新点。

（二）研究方法

1. 文献分析法

研究思路与技术路线如图 1-1 所示。

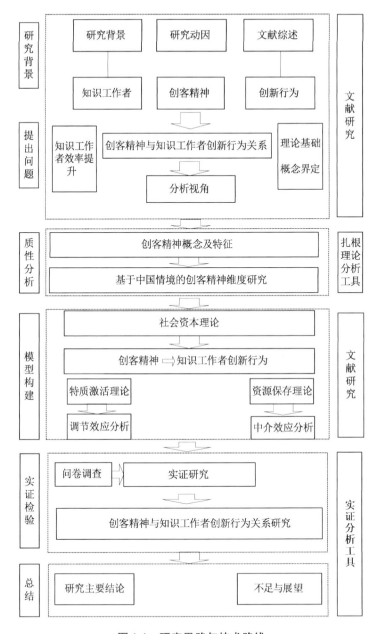

图 1-1　研究思路与技术路线

在阅读与分析中外文献的基础上，本书对社会资本理论、资源保存理论和特质激活理论进行系统的研究和梳理，同时总结创新行为、工作重塑、上级发展性反馈，以及创客及创客精神等相关文献。根据资料深入研究中国情境下创客精神的内涵和特质。设置工作重塑、上级发展性反馈等变量，构建研究理论模型，并借鉴理论模型构建用于开展研究的分析模型，提出本研究的理论假设。

2. 问卷调查法

在充分开展理论研究的基础上，借鉴成熟的量表，编制创客精神与知识工作者创新行为关系的调查问卷并开展有针对性地调查，从而实现文献研究与实证研究有机结合。

3. 数理统计分析法

通过实地发放问卷和网络调查的方式开展问卷调查，并利用 SPSS 等软件对样本数据进行描述性统计分析、信度和效度分析、方差分析、相关性分析和回归分析，以此验证研究假设，最终得出本研究结论，充分结合定量分析和定性分析。

五、研究创新点

本书的创新点主要包括以下几个方面：

第一，构建了知识工作者创新行为研究的理论框架，开展了社会资本理论视域下知识工作者创新行为的影响机理研究。以往文献对知识工作者创新行为影响机制和提升路径的研究较为零散和片面，缺乏全域性和系统性的分析框架，相关的实证分析也较为单一。本书将通过开展关于社会资本理论、资源保存理论和特质激活理论的研究，重点关注创客精神对知识工作者创新行为的影响，进一步分析创客精神、上级发展性反馈、工作重塑与知识工作者创新行为之间的复杂关系，构建知识工作者创新行为研究理论框架和分析模型，对知识工作者创新行为的生成机理进行系统性的分析和研究，拓展了知识工作者创新行为研究的广度与深度。

第二，构建了创客精神的质性研究框架，通过质性研究进一步凝练中国创客精神的内涵和维度。现有文献虽然就企业家精神、企业创新氛围等因素对员工创新行为的影响进行了深入的研究，但忽视了知识经济时代知识工作者重要的精神特质——创客精神对创新行为的影响。现有研究文献表明，当前理论界对创客精神的研究尚处于基础层面，对数字化时代中国创客精神的内涵和特质，以及形成机理的研究还不是非常充分。本书通过运用质性研究的方法，凝练出中国情境下创客精神的内涵和四个具体维度，丰富了创客及创客精神的研究，为后续研究创客精神与知识工作者创新行为的关系提供了构想和维度铺垫。

第三，系统研究了创客精神对知识工作者创新行为的影响机理和作用功效。通过实证研究，进一步明晰了创客精神对知识工作者创新行为的影响机理。学术界对创新行为的研究日渐成熟，在创新行为的影响因素和激励机制方面均取得了一定的研究成果，但关于创客精神对知识工作者创新行为的影响机理的研究还比较少；对于如何进一步激发知识工作者创客精神，尊重和协同好知识工作者的个性，进一步提升其创新行为还缺乏系统的研究。本书首次开展了创客精神与知识工作者创新行为关系的实证研究，深入探讨了工作重塑的中介作用和上级发展性反馈的调节作用。本书依据理论框架和研究模型提出的研究假设均得到了验证，进一步揭示了创客精神对知识工作者创新行为的作用机理，并从创客精神、工作重塑和上级发展性反馈的角度分别提出知识工作者创新行为的引导策略，为企业和管理者解决知识工作者的"异化"问题，提升知识工作者的创新行为，提高企业创新绩效，增强企业竞争力提供参考。

第二章　相关概念界定与理论基础

一、概念界定

（一）创客精神

1. 创客的起源及创客精神的形成

"创客"最早起源于麻省理工学院（MIT）比特和原子研究中心（CBA）发起的 Fab Lab（个人制造实验室）。追根溯源，创客主要发源于两类不同的文化，一类为"黑客"技术文化，另一类为 DIY 文化。

多数学者如 Jackson（2014）在定义创客时侧重于强调创客的技术特性和创意转化的特点[92]。Chris Anderson（2012）提出了"创客"一词，认为创客是善于借助信息网络、技术、生产、制造和共享的群体[93]。Halverson（2014）认为创客是进行工艺品制造的人[94]，他们既可以在真实的物质世界，也可以在虚拟的数字世界中找到能够与别人分享创造过程和结果的平台。创客运动、创客及创客空间是 Sheridan 和 Halverson（2014）提出的三种影响创客运动的因素[95]。Erikson（2001）认为内部的创客行为及创客活动能够将企业的人力资源和其他资源融合，挖掘并利用企业外部市场中存在的潜在商业价值，从而达到提高企业利润这一最终目标[96]。Kuratko 等人（2001）认为创客活动强调的是完全展现组织内部所有人的创新能力[97]。克里斯·安德森（2015）强调，当今时代的创客已经不再是小众和另类的代名词，在创新的时代，创客代表全新的未来[98]。

国内对于创客这一主题的研究主要从创客教育的发展和创客空间的形成这两个方面入手。祝智庭和雒亮（2015）指出，创客是把具备相当技术挑战的所有创意变为现实的人，广义的创客指具备一定知识基础和创新、实践、共享、交流的能力的人[99]。祝智庭和孙妍妍（2015）研究了创客教育的重要性和内涵，深入阐述了中国创客教育的过去、现在和将来的发展方向，强调发展创客教育的主要目的是促进创客教育和数字技术的融合互动[100]。黄兆信和赵国靖（2015）分别从政策、技术、创新能力三个维度详细介绍了创客教育的文化背景，并充分对比分析中国大学和美国大学创客实践的特点，提出进行创客教育的意见和建议，并指出当今大学的创客教育发展模式要以创客空间为载体，从群体课程、学生和教师三个群体出发进行联合探索[101]。王佑镁和陈赞安（2016）基于对美国大学创客空间现状的文献分析，详细阐述了美国大学创客空间的四类模式，并依据中国创客空间的现状，研究了国内创客空间的未来运作模式和发展趋势[102]。王德宇和杨建新等（2015）以深圳柴火创客空间（机器科技工作坊）等典型的创客空间为基础，总结了中国创客空间的运作模式[103]。李双寿等人（2015）将清华大学 i. Center 创客空间作为研究范例，详细介绍了创客空间的构建思路，并进一步对创客空间的建设进行深入的理论研究和实践探索[104]。

现有研究一般从广义和狭义两个角度来定义创客。狭义的创客主要指那些兴趣集中在 3D 打印、机械、电子、机器人等领域进行工程创新、发明创造的人；广义的创客主要指具备一定知识且能够提出具有相当技术挑战性难度的创意并能够将其转化为现实的人[105]。数字时代的到来，特别是互联网技术的突飞猛进，加快了创客运动的发展，并使创客已然明显区别于农业经济时代的工作者，带有工业经济时代发明者和企业家的特征。根据"创客教父"克里斯·安德森的观点，与修理工和普通的发明者不同，创客具有三个关键特征，即使用数字平台和方法、在线分享设计和协作的文化范式、使用标准设计语言来促进共享及提高迭代速度[93]。

结合相关文献，本书认为创客应当具备以下六个特征：第一，创客具有创造性和创新性，并以兴趣为纽带互相连接；第二，创客通过协作、共享和分享让创意更具有新意、更加完善；第三，创客的形成离不开软件的开发和相关技术的开放使用；第四，创客的创作和创新过程强调跨学科跨领域的交流与融合，而且这种跨界是一个自发形成的过程；第五，创客的工作打破了年龄、男女、尊卑、等级的差别，强调参与主体的公众性和平等性；第六，创客主张打破技术垄断的思维，将复杂的东西简单化。

综上所述，创客究其实质就是那些对创意充满热情、有能力使用数字工具、乐于分享、善于协作、努力将创意变为现实的人。创客精神究其根本就是长期以来在创客群体中共生形成的精神特质。

2. 创客精神及其相关研究

在目前已有的相关研究文献中，"创客精神"并没有得到特别明确和清晰的阐释，因此本书尝试把这个词拆分，深入阐述。"创客"首次被写入政府工作报告是在 2014 年第十二届全国人民代表大会第三次会议上，李克强总理指出国家要着力培育新机制，让更多的创客能够有机会脱颖而出。李克强总理还提出要建设中国自己的创客文化，要将"大众创业、万众创新的活力"建设成为中国经济发展的不熄引擎。

党和政府之所以真切期盼涌现出更多的创客，积极推动相关文化的不断发展，坚定不移地弘扬和倡导创客精神，关键在于创客及创客开展工作的过程能够不断激发人们的创新和创业的激情，促进大众更好地确立创新理念，进一步增强人们的创造意志，在全社会推动形成一种"大众创业、万众创新"的崭新局面。创客受到推崇的原因也体现着创客的独特和价值：学生兴趣、做中学、跨学科、协作共享[106]。

从词源和字面的意义来解释创客精神的特征："创"包含着创造、创新、创建，充分体现为对生活积极向上的努力姿态和奋斗的态度；"客"主要指专门从事某类工作的个体或群体。创客就是一个热爱创意、重视设计、注重实践的个性化制造群体。"精神"是一个比较抽象的概念，"精神"一词在汉语中存在两种解释：第一种解释指人的思维活动、意识及一般的心理状态；第二种主要指宗旨及主要的意义，比如会议宗旨。

对于创客精神，不同学者给出的定义不同。在陈仓虎（2015）的阐释中，创客精神里"创"的部分拥有创新、创造和创意的含义，一方面它倡导的是一种积极向上的创业精神、人生观和价值观。另外，它也强烈表现出创客围绕生产和生活中的相关问题和需求，寻求更好的解决方法以实现预定目标的坚定愿望和执着追求，具有鲜明的时代特征[107]。王尤举和樊勇（2018）认为，创客精神以工匠精神为基础，强调沟通、分享、创造、创新等与个人成长和发展相关的能力，这些能力在人际关系、行为模式、元认知和艺术等领域显得尤为突出。首先，创新和创造力是创客的灵魂和核心，强调设计、开发和生产一些独特而具有价值的产品的能力；其次，创客精神注重分享、开放和共享，强调与他人的交流与合作，在合作中共同将创意转化为实际的创新性产品；最后，创客精神还突出实践特征，即在实际行动中通过将理论与实践精密结合，实现创意和技术充分连接，充分体现"知行合一"的实践特质[108]。孙超和高莹莹等（2015）将创客精神定义概括为自由（不受生产条件的限制、不受传统观念的束缚）、勇敢、DIY、激情、创造（实现创意、进行创业）、开放、分享（通过网络平台分享成果）[109]。换言之，创客精神的本质就是鼓励实践和分享，重视合作，无拘无束地促进自我价值的实现。黄玉蓉等（2018）认为，创客精神是创客运动的内核，而创客运动所蕴含的"设计、分享、交流、制作、开源"精神为未来创新的新浪潮的兴起奠定了重要的基础。创客运动"设计、分享、交流、制作、开源"的精神内核则丰富了创客精神的内涵[110]。陈凤和项丽瑶等（2015）认为，创客精神是创客运动的内核，是创客聚集的内生动力，也是创业资源聚集的动力，创客精神是推动创客运动不断发展的重要精神力量[111]。秦佳良和张玉臣（2018）认为，创客精神是存在于创客内心并影响其行为的源泉，对创新能力的提升、创新意识的塑造和创客创新绩效的提高具有重要意义[112]。刘志迎和武琳（2018）认为，创客精神在宏观层面上对活跃创新创业氛围、推进创新创业活动的开展具有重要作用[113]。韩美群（2009）认为，创客精神生成是一个复杂的精神制作过程，在创客精神的形成过程中，内部因素与外部因素共同作用、相互影响，共同演化为创客精神发展的动力[114]。崔祥民等（2020）系统研究了创客精神的生成理论，将创客精神生成影响因素分为内生性因素和外生性因素两个方面，个体的主观感知、个人兴趣、先前经验，以及外部环境中的外生性因素、家庭教育、学校教育和社会关系网络等对创客精神形成具有显著的影响[115]。

目前学术界对创客精神的定义还没有一个系统、明确、科学且得到广泛认同的定义。基于学者们对创客及创客精神的研究，本书对已有研究中创客精神的概念进行了总结，如表 2-1 所示。

表 2-1　创客精神概念汇总

作者	年份	创客精神概念
陈仓虎[107]	2015	创客精神的灵魂——创新；创客精神的本质——包容与开放；创客精神的精髓——实干、意趣、共享；创客精神的主体——和谐进取的精英团队
孙超等[109]	2015	自由、勇敢、动手 DIY、激情、创造（将创意转为现实，开始创业）、开放、分享（互联网分享成果）
任静[106]	2017	信息化时代的创客精神，主要包含以人为本的创新精神、知行合一的造物精神和协作共享的开源精神
陈海鹏[116]	2017	创客精神是一种重新理解创新，自觉实践创新，诸事推动创新的信仰
郑俊[117]	2017	敏于思考、勇于创新、勤于实践、善于学习、忠于兴趣、乐于分享
王成名[118]	2017	创客精神即基于 DIY、创新、自组织、"互联网+"四大基因，执着于创新创造信念，注重于行动的实践能力且又开放共享的创新意识。融合中外创客领袖的精神特质，创客精神可以总结为"创新思维民主化，创新实践专业化，创新主体团队化"三大核心品质

续表

作者	年份	创客精神概念
孙幼波等[119]	2017	创客精神就是一种热爱科学技术、热衷动手实践的精神，以分享技术、交流融通为乐
王尤举等[108]	2018	创客精神可以理解为对创新的一种渴望，融合个性，把想法变成现实的一种热情。首先创新创造是创客精神的要义与核心，其次是分享精神，注重参与、共享、开放的精神，最后是创客精神的实践性较强
匡艳丽等[120]	2018	创客精神是经过教育者系统、连续、有效的观念引导和创新实践过程，自然而然形成的创新思维和精神特征

综上所述，本书认为创客是那些对创意充满热情、有能力使用数字工具、乐于分享、善于协作、努力将创意变为现实的人，而创客精神就是创客具备的、最能代表其特性的品质。

长期以来，陈春花（2022）研究数字化时代企业的价值共生，强调在数字化时代企业有能力与人们的生活和社会的进步实现价值共生[121]。共生是数字化时代重要的管理理念，共生强调平等、合作、共享和互利，打破了以管理主体为中心的思维模式。王雪梅（2020）认为管理活动中人与人之间享有平等的话语权、相互承认、去中心化、彼此尊重的共生关系，这种关系取代了传统的主客体关系[122]。数字化促进企业和组织实现实体与数字的价值共生，在一定层面上促进了人与人之间的价值共生，这种价值的共生使得个体之间强调合作与共享，并使个体的个性和主观能动性得到充分发展。价值共生促进了创客精神的形成和发展，创客精神是创客及创客群体通过价值共生形成的稳定的价值观念和价值体系。基于共生的管理理念，合作、共享和互利是创客精神的合理内核。陈劲和尹西明（2019）提出第四代管理学范式，集中体现为以中国智慧哲学引领的整合管理范式[123]。第四代管理学范式基于设计驱动的创新理念和路径，提出了"意义创新"这一创新模式，也为创客精神的研究带来新的结合点。

2021年9月，第一批中国共产党人精神谱系伟大精神发布，企业家精神和科学家精神被纳入其中。2020年7月，习近平总书记在企业家座谈会上的讲话中指出："企业家创新活动是推动企业创新发展的关键。"[124]习近平总书记强调，中国企业家要在爱国、创新、诚信、社会责任和国际视野方面不断提升自己，成为推动高质量发展的生力军。增强爱国情怀，勇于创新，诚信守法，承担社会责任，拓宽国际视野是时代赋予中国企业家的要求。新时代的企业家精神还集中体现为创新、冒险、合作、敬业、学习、执着、诚信等关键品质。创新精神、冒险精神、创业精神、宽容精神构成了企业家精神的主要内容。企业家精神推动企业家积极从事创新活动，成为提升企业核心竞争力的关键。

科学家精神是科学工作者在长期的工作实践中形成的精神财富。《关于进一步弘扬科学家精神加强作风和学风建设的意见》[125]中将科学家精神进一步阐述为"胸怀祖国、服务人民的爱国精神，勇攀高峰、敢为人先的创新精神，追求真理、严谨治学的求实精神，淡泊名利、潜心研究的奉献精神，集智攻关、团结协作的协同精神，甘为人梯、奖掖后学的育人精神"。长期以来，科学家精神激励了一代又一代科技工作者和科学家砥砺奋发，锐意创新，取得了历史性的成就。

党的二十大报告提出，要"培育创新文化，弘扬科学家精神，涵养优良学风，营造创新氛围"，要"进一步通过强化企业科技创新主体地位，发挥科技型骨干企业引领支撑作用。"党的二十大报告还提出："加快建设国家战略人才，努力培养造就更多大师、战略科学家、一流科技领军人才和创新团队、青年科技人才、卓越工程师、大国工匠、高技能人才。"通过国家战略人才队伍建设助推企业科技创新主体的作用。企业家精神和科学家精神在推进企业家队伍建设和科学家队伍建设中起重要的精神支撑作用和引领作用。因此，本书进一步指出，要充分重视创客精神在吸引和动员知识工作者、草根创新人员在创新体制中发挥的重要作用。

相较于企业家精神和科学家精神，本书认为，创客精神是创客群体所具有的精神特质，是创客群体的较为稳定的价值观。如果说企业家精神和科学家精神分别是企业家群体和科学家群体独具的精神特质，那么创客精神则是创客群体长期以来通过价值共生形成的相对稳定的精神特质，对应到具体的人身上，创客精神也构成了创客个人的个体特质。

创客精神是创客这一新型群体身上所能体现出来的最显著的特点，是一种具有工匠精神、乐于创新和分享、积极应对挑战、善于合作交流、积极向上的人生观、价值观与创业观。创客精神充分体现为实干、分享、创新、进取、挑战、合作的品质。本书认为，创客精神的特征由此可以初步归纳为：第一，以崇尚创新精神为价值取向的兼容开放特质；第二，以创新创意实践为核心落点的工具理性特质；第三，以联通整合转化为根本目标的现实趋"利"特质。

综合诸多学者对创客精神的研究，本书认为创客精神是在知识经济和数字化时代背景下，创客群体通过价值共生形成的稳定价值观念和价值体系。创客精神是在自由环境下，以创客为主体以创新为核心，乐于共享、勤于实践的品质。但是，现有的关于创客精神的研究主要围绕创客精神形成的原因及作用等展开综述性研究，缺乏关于创客精神具体维度的科学阐释。科学界定创客精神的维度是深化创客精神研究、深入挖掘其深层次作用的关键所在。因此，本书的第三章将科学界定创客精神的具体维度。

（二）创新行为

国内和国外学者对创新行为开展了系统研究，并对创新行为的概念进行了清晰的定义。早期的研究观念认为：个体的创新行为是以新颖的思想，通过全新的流程形成全新的解决问题的方法和手段。还有部分学者尝试从过程的角度来研究和定义创新行为。综合国内外学者对创新行为的研究，虽然对个体创新行为的概念尚未形成共识，但基本认识正在逐渐趋同。

Kanter（1988）认为，员工的创新行为在初始阶段仅是初步认识问题和产生创新想法，在经过一系列的复杂阶段和过程后，员工的创新行为通过企业提供的新服务和产生的新产品体现出来[48]。Scott 和 Bruce（1994）提出，创新行为发端于员工个体在一定场景下遇到的需要解决的困难和问题，并在形成解决问题的初步思想认识的基础上，制订较为系统的解决问题的方法和具体实施步骤，包括观点的形成、发展和完成三个过程[51]。Annouk（2000）认为，个人尝试更新和使用新概念、新方法、新产品或新流程，来为团队、组织或个人带来有益的变化的行为可以看作一种创新行为[126]。Jassen（2000）通过研究进一步指出，员工的创新行为应当包含创新思想的产生、创新思想的提升和创新思想的实现三个发展阶段：思想源于实践，创新行为过程中思想的产生是由于员工在生产过程中遇到或感知到工作中存在的问题，为解决这些问题激发了员工创新理念的形成；思想的提升是创新理念形成后进一步细化和完善的过程；创新思想的实现则是指将员工创新理念转化成创新实践的过程[53]。Zhou和 George（2001）认为，仅仅形成创意不能完全反映个人创新，还应当包括创意的形成、推广及实施计划等[52]。Kleysen 和 Street（2001）的研究指出，个体的创新行为首先是个人行动，能够形成有效的创新是这些行动的显著特征，这些创新能够在组织的各个层面等得到应用并发挥积极作用。此外，他们的研究还将创新行为分为五个环节，即产生想法、探索机会、构成考查、运用和支持[81]。

王斌和颜宏亮（2006）指出，创新行为不是简单独立的行为过程，而是指员工在企业的生产经营实践中产生、引用和引进有益的新技术、新思想的过程，主要包括创意和创新技术的产生[127]。在 Scott 和 Bruce 的研究基础上，刘云和石金涛（2009）认为创新行为是员工在组织的相关活动中，产生、引进和应用有益的新颖想法或事物的过程，其中包括形成创意或开发新的技术，改变现有的管理程序以提升工作效率等[77]。顾远东和彭纪生（2010）认为，员工在工作场所将创新想法付诸实践的过程就是员工的创新行为，这个过程主要包括两个阶段，即创新想法的形成和创新想法的实现[78]。卢小君和张国梁（2007）基于中国的情境检验了 Kleysen 和 Street 的五阶段观点，进一步指出，创新行为包括产生创新构想和执行创新构想两个阶段，他们的这一研究结论得到了很多国内学者的认可[80]。

当前关于创客、创客精神及创新行为相关理论的研究表明，中国多数企业管理者未能充分意识到创客精神的重要性。对创客精神的研究仍停留在简单的定性分析阶段，未能深入探究创客精神与知识工作者创新行为的内在联系，这不仅极大抑制了创客精神对知识工作者创新行为的驱动效应，同时也阻碍了中国创客群体特别是知识工作者创新水平的提升。鉴于此，为明晰创客精神对知识工作者创新行为的作用机理，本书结合现有文献与理论，引入工作重塑、上级发展性反馈因素，运用问卷调查和数理统计分析方法探索创客精神与知识工作者创新行为之间的关系，形成知识工作者创新行为提升策略，进一步激励知识工作者实施创新行为，提升创新活力，为优化知识工作者管理提供策略与实证参考。

二、理论基础

理论基础是学术研究的指导思想和方法论。本章在进一步对创客及创客精神及创新行为等概念进行界定的基础上，系统阐述社会资本理论、资源保存理论、特质激活理论等相关理论的主要观点和基本内容。一方面，通过社会资本理论进一步厘清创客精神与社会资本的关系、社会资本与创新行为的关系、创客精神对知识工作者创新行为的作用路径，并充分说明为什么要重视价值观、凝聚力、规范、信任、关系等社会资本对创新行为提升的作用，进一步论证创客精神对激励知识工作者创新行为的意义和价值；另一方面，系统阐述资源保存理论、特质激活理论，并在此基础上提出工作重塑的中介作用和上级发展性反馈的调节作用。

（一）社会资本理论

Pierre Bourdieu（1980）是较早关注并提出社会资本理论的法国学者，他认为："社会资本以社会网络的方式存在于人际关系之中，并通过规范化的网络关系，获取网络中现实或潜在的社会资源。"[128]他认为成员自身的经济地位和社会地位会影响其所获得的社会资本数量，从社会资本的形成过程来看，社会资本源于社会网络中成员规范化构建自己的关系网络，把个人的需求融入社会网络的普遍利益中，以谋求长期可靠的资源。因此，成员间的地位越接近，越容易构建规范化的关系网络。在后续社会资本理论的研究中，他提出的社会资本两个特征（社会资源与规范化关系）被学者们广泛采用。

基于 Pierre Bourdieu 对社会资本的定义，Coleman（1988）进一步探究了社会资本的本质，并首次全面阐释了社会资本的内涵。他认为，在社会关系网络中，社会资本是社会结构中的各要素的集合体，为网络中的成员提供所需资源。换言之，一旦缺乏社会资本，将无法实现社会网络中的成员的部分利益或目标[129]。

哈佛大学教授 Robert D. Putnam 继承并发展了上述两位学者的社会资本理论，并在公共政策领域做了进一步的研究和分析，使得社会资本理论引起了人们的高度重视。Putnam（1993）认为，社会资本是指社会组织用以提升团队整体效率的非物质资源，例如信任、规范及网络。他指出，在这三个特征中，信任是最基础和本质的特征，对社会资本由个人层面向集体层面跨越起着关键作用。此外，他还在民主政治研究中应用了社会资本理论，他认为社会资本理论能够促进人与人之间的联系，提升人与人之间的信任，使人们正确认识"个体"与"整体"的关系，促使个体更多地关注集体利益，并进一步深化人们对自我的认识，从而构建起一种"公共精神"[130]。他的研究使得社会资本理论从个人层面升华到了组织层面，关注社会资本与社会团体的内在联系，开辟了社会资本理论实际应用的新视界。

Ronald Burt（1995）首次将社会资本的概念延伸到企业层面，他在理论基础上对社会资本进行了系统的解释与分析，并提出了著名的"结构洞理论"（Structure Hole Theory）[131]。该理论强调企业内部和外部均存在着社会关系网络，社会关系网络中一个节点就是一个结构洞。社会资本利用网络中的"结构洞"，为企业控制提供社会资源，强化企业资源整合与流动能力，实现企业战略发展目标。

Nahapiet 和 Ghoshal（1988）在总结现有理论的基础上认为，嵌入在关系网络中的潜在资源和实际资源的总和构成了社会资本，系列资源在个体与社会群体中得到充分应用，其中关系网络能够较好地反映组织成员之间的联系信息和信任程度[137]。

Coleman 构造的社会资本理论框架在青少年研究中得到普遍使用。Coleman 在开展青少年研究的过程中发现，同伴关系对青少年的领导力、社会参与和团体身份等具有重要影响，同伴的认同和影响甚至超过了父母的作用。为了解释这一现象，Coleman 提出了社会资本的概念，认为社会资本是蕴含于社会关系之中并能促成一定社会结果的社会资源[133]。

社会资本理论得到了学术界的广泛关注，并在实践中被不断地优化和发展，形成了系统而丰富的理论成果，主要包含两个方面：第一，相对稳定的良好的社会互动模式有助于维持社会共同体中利益相关者的集体行为；第二，作为一种资本，拥有较多优良社会资本的社会更容易在广泛的领域实现良性的社会合作，而拥有较少社会资本的社会却很难有效调动民众。

基于社会资本理论的研究进一步证明，一个社会资本存量丰富的国家往往能够实现善治，营造和谐、稳定的政治秩序和社会环境。社会资本是经济发展和社会进步的关键资源：社会资本体现为公民的信任与合作的价值观念和态度，促使人们合作和信任；社会资本体现为将个体、社区、组织联系起来的人格网络；社会资本还表现为社会关系和社会结构的特性，有利于推动社会集体行动，集中力量解决问题[134]。因此，社会资本的培育对国家的治理有重要影响，丰厚的社会资本是一个国家高质量发展的重要支撑。社会资本理论给社会治理和组织管理带来的启示是：在国家和社会治理过程中，政府不仅要重视物质资本的投资，更要高度关注社会资本的培育和积累，因为社会资本不仅是物质的，还是精神的，物质与精神高度统一的社会资本能够促进社会的良性运转，提升国民的"公共精神"[135]。

社会资本理论是本书的重要理论支撑，基于对社会资本理论的阐述，本研究还需要厘清创客精神与社会资本的关系、社会资本与创新行为的关系，并在此基础上进一步厘清创客精神对知识工作者创新行为的作用路径。

第一，厘清创客精神与社会资本的关系。

共生是数字化时代重要的管理理念，充分强调平等、合作、共享和互利，强调打破以管理主体为中心的思维模式，认为管理活动中的人与人之间存在享有平等的话语权、相互承认、去中心化、彼此尊重的共生关系。崔祥民等认为，创客不是孤立、单独存在的"原子"，而是在社会网络关系的互动中开展创新实践的。因为资源禀赋的匮乏，创客需结构性嵌入社会网络以获取资源，在嵌入的过程中，文化直接或者间接地影响创客精神的形成。创客精神的形成存在一种或一条基于人际关系感染的潜移默化式生成路径[115]。这一生成路径就是在创客嵌入在社会网络关系中通过共生产生共同的价值观和形成稳定的社会关系网络的过程。按照本书对创客精神的定义，创客精神是长期以来在创客群体中共生形成的精神特质，是在自由环境下，以创客为主体、以创新为核心，乐于共享、勤于实践的品质。创客精神的定义充分强调创客之间资源共享和获取；创客精神的重要价值在于通过社会网络关系的嵌入共享和获取资源，实现创新。而社会资本是指个人通过嵌入在团队的关系网络中，从团队内部和外部所能够获得的一切资源[139]。因此，创客精神与社会资本的定义和逻辑都有共通之处。本书认为，创客精神就是在草根创新阶层中存在的一种社会资本。

第二，厘清社会资本与创新行为的关系。

关于社会资本与创新行为的关系，已有很多学者开展了相关研究。国外学者 Nahapiet 和 Ghoshal 早在 1998 年就指出社会资本能够促进新的知识产生并加快创新行为的发展[137]。Furstenberg 与 Hughes（1995）基于 Coleman 建构的社会资本理论展开了深入的研究和探讨，并在研究中对 Coleman 建构的社会资本理论做出了一个能够被广泛接受的评价：Coleman 的社会资本概念在社会情境与个体特征之间构建起一种理论关联，其中最为关键的是家庭、学校及社区[138]。他们认为，社会资本具有将社会学的宽泛视野与心理学的狭窄视野相结合的潜力，并在研究中着重强调了社会资本的多维度特性及其对学业成就、心理健康和社会行为等的效用。Furstenberg 与 Hughes 对科尔曼社会资本概念的诠释为研究者在实证研究中运用社会资本理论提供了重要参考。依据上述研究，社会资本理论的多维度特点能够对蕴含于个体学习、科学研究中的创新行为这一社会行为发挥效用。该效用在青少年研究领域中已得到验证：社会资本作为存在于不同社会情境下的社会关系之中的社会资源，对青少年的学业、心理、行为等方面的发展均产生积极影响[138]。社会资本对创新能力和创新行为有提升和促进作用，外部社会资本的作用体现在更广泛的交流、联系和信息互通上[141]，内部社会资本的作用则体现在内部的信任程度和共同愿景[142]。基于此，本书进一步提出，要重视创客精神作为一种社会资本对创新能力和创新行为的促进作用。

当前，越来越多的研究开始关注社会资本在技术创新中的重要作用。知识经济时代，创新精神和科学思想在知识工作者之间的扩散和传播必然带来科学知识的积累并引发新的知识创新。而知识工作者之间的非正式网络联系促进了创新精神和科学思想的传播，并激励知识工作者实施更多的创新行为，这种非正式网络联系被学者们称为"无形学院"。这种"无形学院"就是实际存在于知识工作者群体之间的一种社会资本力量，为科学知识的积累和知识创新提供了必要的条件[143]。

第三，厘清创客精神对知识工作者创新行为的作用路径。

本书聚焦创客精神与知识工作者创新行为的关系研究。社会资本作为特定主体间的信任、协同、合作及组织网络资源，是将个体凝结起来的有效介质，能够将缺乏行动能力和行动资源的个体凝结为强大的、具有行动能力的主体[144]。社会资本对个人资本的影响在于有助于获取和增加个人资本，也有助于维持现有的个人资本[145]。创客资本是创客个人拥有的知识、能力和技能，以及创造财富的属性，是创客在实现产品制造过程中基于创客资本的创新创业行为聚集而成的各种资源和能力的总和[146]。依据本书前面关于创客精神的研究、社会资本对个人资本影响的论断，创客精神作为创客群体共生形成的稳定的社会资本，对创客的个人资本——创客资本能够产生积极影响，创客精神作为创客主体间的信任、协同、合作及网络资源，承担了将创客个体凝结成具有行动能力和行动资源的强大的主体重要作用。

基于上述论断，本书进一步用社会资本理论厘清创客精神对知识工作者创新行为的作用路径。知识工作者凭借自己掌握的知识与技能，对组织的依赖性明显低于普通员工[147]。基于创客精神作为一种创客资本能够将创客个体有效凝聚的论断，本书进一步提出要重视发挥创客精神在凝结和动员知识工作者提升行动能力、强化行动资源、激励其实施创新行为、提升其创新能力等方面的作用。综上所述，本书提出构建基于社会资本理论的创客精神与知识工作者创新行为的分析和研究框架。

（二）资源保存理论

知识工作者对个人价值实现的强烈诉求和对组织依赖性弱的特征，往往会导致各自为政的局面出现，缺少集体行动能力和行动资源。社会资本理论部分解决了知识工作者集体行动能力的问题，但不能很好地解决知识工作者创新工作资源的问题，资源保存理论围绕"资源"展开研究，认为初始资源的特征和收支平衡状况是影响个体工作行为的主要因素[149]。因此本书进一步引入资源保存理论研究知识工作者工作的行动资源，并用资源保存理论解释知识工作者的创新行为。

资源保存理论（Conservation of Resources Theory，以下简称 COR 理论）由斯蒂芬·霍布福尔（Steven Hobfoll）于 1989 年提出，该理论最初作为一种压力理论被提出来[149]。COR 理论认为，个体往往具有保存、获取和保护资源的倾向。当个体潜在资源受到威胁或者实际资源受损时，会出现压力反应，产生紧张情绪和压力。COR 理论从资源得失的角度研究和解释压力的个体行为，该理论的提出使抽象的概念易于测量和研究，自提出以来迅速被人们使用并推广。工作需求—资源模型（Job Demands-Resources Model，JD-R）就是源于COR 理论。COR 理论还进一步指出，在压力情况下，个体会使用现有的资源去获取新资源，减少资源的净损失。此外，个体还会积极构建和维护其当前的资源储备以应对未来出现的资源损失情况。

COR 理论认为，资源是个人的特质、条件、能量等个人觉得富有价值的东西或者个人获得这些东西的方式。人们总是积极地寻找、维持和构建他们所认为的重要和宝贵的资源，这些资源的潜在或者实际的损失都会降低个体的获得感和幸福感，而资源的剩余能够提升个人的安全感和幸福感。COR 理论将个人资源分为四类：第一类资源是可以决定个体抗压能力和个体社会经济地位的相关物质性资源，如汽车、住房等；第二类资源是能够为个体获得资源创造条件，对个体或群体的抗压潜能有影响的条件性资源，如婚姻、权力、职务等；第三类资源是充分体现个人特征的资源，如自我效能感、积极向上的态度、乐观主义等；第四类资源是能够帮助个体获取前三种资源的其他资源，这类资源一般被称为能源性资源，如时间、金钱、知识等。

系统梳理 COR 理论对压力解释的逻辑，其核心观点为：掌握较丰富的资源个体，不易遭受资源损失带来的攻击，反而有能力获得更多的资源。掌握较少资源的个体往往容易受到资源损失的影响，很难获得额外的资源。根据资源保存理论，资源保护处于首要性的地位，个体要充分注重资源保护；个体还应当努力创造资源盈余，资源盈余可以抵御未来面临的资源损失。

斯蒂芬·霍布福尔等在 2018 年对 COR 理论进行了修订，提出了 COR 理论的三条推论，即初始资源效应、资源损失螺旋和资源获得螺旋[149]。

初始资源效应推论指出：个体资源储备与其未来遭受资源损失的可能性和抵御资源损失的韧性密切相关。具体而言，拥有较多初始资源的个体获取新资源的能力更强，不容易遭受损失。反之，拥有较少初始资源的个体获取新资源的能力相对较弱，更容易遭受资源损失。

资源损失螺旋推论指出，最初的资源损失会引发资源的进一步损失，随着资源损失螺旋式的发展会不断增强，消极影响也会更加强烈。主要原因是：一方面，正在经历资源损失的个体难以进行有效的资源投资或者获取活动，阻止资源损失的难度更大；另一方面，受"损失优先"原则影响，加之资源损失引发的紧张和压力反应，在压力螺旋的循环中，个体（和组织）能够用于阻止资源损失的资源也更少。

资源获得螺旋推论指出，最初获得的资源能够促进进一步获得新资源，只是这种资源获得螺旋式的发展相对比较缓慢，这是因为处于资源获得过程中的个体（和组织）在资源投资方面更具优势。不过，相较于资源损失，资源获得在力量和速度上均更弱一些，因此资源获得螺旋的发展也相对比较缓慢。

综上所述，COR 理论揭示了个体对资源的获取、保存和利用等方面的心理动机，对资源的不同处置动机，会对个体的态度、心理甚至行为产生不一样的影响。掌握丰富资源的个体能够利用已经拥有的资源去获取更多的资源，从而使个体产生积极的心理状态和工作行为[151]。COR 理论成为研究和解释员工工作态度和行为驱动机制的重要理论[152]。贾良定等人（2022）将 COR 理论运用于感知深层次差异与个体创造力的研究中，深入探讨感知深层次差异，即感知到个体与团队成员在信仰、认知、个性、价值观念等不可见属性方面的差异对个体创造力的影响[152]。因此，本书结合 COR 理论及其推论进一步探讨工作重塑在创客精神与知识工作者创新行为之间的作用。

（三）特质激活理论

特质激活理论（Trait Activiation Theory，以下简称 TAT 理论）由 Tett 等人提出，是探究个体的人格特质在工作场所的运作过程及其原理的理论[154]。该理论重点探究个体内在特质如何被其所适应的外在情境激活，以及被激活特质如何表达出显性的行为[155]。TAT 理论的关键和核心内容在于研究"情境相关性"对"特质-工作结果"的调节和激发作用。"情境相关性"指的是情境能够为个体特质的"表达"提供行为相关线索。特质的表达和发挥是否充分，取决于情境能否为特质的表达提供适宜的条件。具体来讲，情境能够提供特质表达的相关行为线索，特质相关情境提供了和特质相似或相反的条件，起到放大或削弱特质对行为的影响的作用。人们能够用 TAT 理论解释个体与情境的交互作用，提供一个阐释个体与情境交互作用的分析框架。该框架进一步指出，在某些情境下，人格特质能否被激活取决于情境中是否提供与特质相关的线索。

Tedd 和 Burnett（2003）基于人格特质建立了工作绩效模型，详细解释了为什么人格特质在预测绩效时会体现情境的特殊性。该理论模型主要分为四个方面：

第一，主效应。第一条路径揭示了基于人格特质的员工选拔基本假设，即人格特质是核心概念，与他们在工作中的行为有关。第二条路径体现了情境对工作行为的重要影响，如工作过程中的沟通和交流在提升参与者的社会交往行为能够促进人格特质的交互作用。

第二，调节作用。任务层、社会层和组织层作为调节变量影响人格特质与组织行为之间的关系。任务层指情境中特质激活的线索来源于工作本身；社会层指情境中特质激活的线索来源于他人的工作；组织层则指情境中特质激活的线索来源于组织氛围和文化。

第三，工作绩效评价。一方面，工作行为和工作绩效之间存在差别，工作绩效依赖于个体的工作行为；另一方面，绩效评估来源于任务层、社交层和组织层，会影响了工作绩效与工作行为之间的关系。

第四，工作动机。一方面，个体特质激活的过程有利于满足个体内部动机；另一方面，根据任务、社会和组织要求，个体通过特质表达所展现的工作行为可能受到表扬、认可和有形的外部奖励。

Tedd 和 Burnett（2003）认为，基于人格特质的工作绩效模型适用于任何人格特质，提供了一个跨特质的研究框架。

TAT 理论强调情境对个体特质的影响取决于情境相关性和情境强度两个方面。情境相关性与特质能否被激活有密切关系，而情境强度影响个体特质的激活程度。刘伟国等人（2015）研究了主动性人格对员工投入的关系，当环境中呈现的线索与特质相关行为表达有关时，才能使该特质人展现出与特质相关的行为[155]。周愉凡等人（2020）基于特质激活理论研究了主动性人格对研发人员的创新行为的影响，指出具有高职业生涯管理水平的组织能够提升员工的工作卷入和组织承诺水平，促使其更加积极地工作，进而表现出更加积极的创新行为[156]。张建卫等人（2019）的研究指出，员工创新行为是人格特质与组织情境因素交互作用的结果[157]。周玉容等人（2022）的研究指出，情境强度越高，特质越活跃，特质和特质表达行为之间的关系也就越强；情境强度越低，特质被激活的程度越低，特质和特质表达行为之间的关系就越微弱。但当情境缺乏特质激活所需的线索时，无论情境强度如何变化，都不足以激活相关特质[158]。因此本书将基于特质激活理论进一步探讨上级发展性反馈对知识工作者特质激活的影响。

三、分析工具

本书以德鲁克提出的知识工作者相关理论、社会资本理论、资源保存理论和特质激活理论等为指导理论，采取定性与定量相结合的分析方式，运用扎根理论、问卷调查法、实证分析法等具体分析工具，详细探讨创客精神与创新行为之间的关系和作用，找出知识工作者在创新过程中，相关因素对其创新行为的作用路径。

（一）扎根理论法及工具

哥伦比亚大学的格拉斯和斯特劳斯（1967）提出了扎根理论研究方法。扎根理论是一种通过系统地收集资料，寻找到反映出社会现象的核心概念，然后在这些概念之间建立起联系，从而形成一种自下而上构建理论的研究方法。扎根理论最大的优点就是能将量化研究的优点融入质性研究中，即以严谨的、系统的研究程序，运用演绎归纳法，解决质化研究中存在的缺乏推广性、复制性、准确性、严谨性与可验证性等问题，从而进一步实现质性研究的"科学性"。

扎根理论（Grounded Theory）是质性研究中十分重要的建构理论，其主要宗旨是以翔实的经验资料为基础，自下而上地逐步构建理论。面对一个研究主题，研究者在研究的最初阶段一般不会提出理论假设，而是直接对原始材料展开分析，从中归纳出概念和命题，然后进一步构建理论。扎根理论的研究需要一定的经验证据，但是经验性不是其主要特征，而在于它可以从大量的经验事实中抽象出新的概念和思想。扎根理论强调从原始资料中找出可以反映社会现象的关键概念，并通过反复对比资料和编码，进一步分析各概念之间的逻辑联系，进而构建能够结合实践的理论框架。扎根理论适用于理论体系不是很完善、很难有效解释实践现象的领域及期望通过更高层次的整合和概括来超越先前有关某一领域的描述和理论的研究。

Pandit（1996）提出了用扎根理论开展研究的流程，该流程主要包括五个阶段和九个步骤[159]。五个阶段指的是研究设计阶段、数据收集阶段、数据整理阶段、分析数据阶段、文献比较阶段。扎根理论研究的九个步骤包含文献综述与回顾、案例分析与选择、数据收集计划的制定、数据收集、数据整理、数据分析、理论取样、理论建构、新旧理论比较与分析。

王璐和高鹏（2010）在借鉴 Pandit 提出的扎根理论研究模型的基础上，进一步提出了扎根理论研究操作的七个步骤，即文献回顾、初始取样、理论取样、数据整理、数据分析、理论发展、讨论分析[160]，如图 2-1 所示。

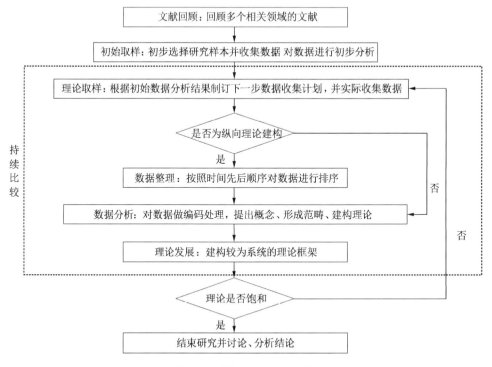

图 2-1　扎根理论研究流程

扎根理论是开展定性分析的研究方法。我们还可以借助技术较成熟的质性分析的软件进一步开展针对质性分析的研究。常用的质性分析软件有三种：Nvivo 11、ATLAS.ti、MAXQDA。Nvivo 11 既支持使用定性研究方法，又支持使用混合研究方法，它可以对访谈材料、小组讨论记录、问卷、音频、社交媒体及网页内容等材料进行收集和处理。Nvivo 11 支持多种系统的设备，分析结果展示比较美观，但该软件导入大数据时速度较慢。ATLAS.ti 是一款专业的定性数据分析软件，能够管理和分析不同类型的定性数据，包括文档、音频、视频及图片等，可用于管理学、经济学、社会学等数据分析。ATLAS.ti 可以将音频文件转换成文档，可以灵活地实现对编码之间关系的管理并能绘制思维导图，但该软件可视化分析和可展示的美观性稍弱。MAXQDA 是一个可以用于质性研究、量化研究和混合研究的专业数据分析软件，该软件支持对访谈内容记录、在线调查报告等非结构化数据的分析和处理。MAXQDA 运行速度较快，运行稳定，并具有自动保存功能，有比较全面的定量分析工具包，既能进行定量分析，又能进行定性分析。

综合三个软件的利弊，本书选用 Nvivo 11 软件，将其作为质性分析工具。

（二）问卷调查法

本书采用问卷调查法获取创客精神与知识工作者创新行为的关系模型中的相关数据。采用问卷调查法的目的是尽量避免将研究者的主观偏见代入调查研究中。

本书在充分进行文献研究的基础上，结合专家的意见，制订量表，并通过实施题项检测和预调研进一步检验量表信度和效度，依据信度和效度删除或修改了部分变量描述题项，从而形成最终量表。本研究通过实地发放问卷、邮寄纸质问卷进行搜集数据。

（三）实证分析法及分析工具

本书采用实证分析法对样本数据进行分析，从而检验创客精神与知识工作者创新行为的关系模型中所提出的研究假设，其中主要涉及的软件包括 SPSS24.0 和 AMOS24.0。实证分析法是一种在一定的假设和考虑有关经济变量之间因果关系的前提下，描述、解释及说明已观察到的事实，并对有关现象将出现的情况做出预测的方法。客观事实是检验实证分析法得出结论的标准。实证分析法主要进行定量分析，在数据分析的基础上进一步展开研究，使其对社会问题的研究更加科学和精准。

本书采用多种数理统计方法研究和分析变量之间的相互关系。首先采用信度分析、效度分析（因子分析）法来检验量表的质量，再通过描述性统计法、验证性因子分析法统计分析问卷调查所搜集到的数据，并运用结构方程模型对研究假设、理论模型加以验证，最终得出研究变量之间的作用关系。

四、本章小结

本章不仅详细介绍了创客和创客精神的概念，还系统梳理了创客和创客精神的发展过程，总结了创客和创客精神的概念和特征。同时本章还指出，现有的研究缺乏对创客精神维度的系统梳理，本书将在后续的研究中重点基于中国情境的创客精神的维度开展研究。本章在梳理创新行为相关理论的基础上，进一步明确了创新行为的概念，即知识工作者在工作和活动中形成新想法、实现新想法、产生新成果以改变现有的管理程序以提高工作效率的过程；重点介绍了与研究相关的理论基础，如社会资本理论、资源保存理论及特质激活理论。本章还通过对研究的相关分析工具的介绍，进一步说明本研究想要解决的问题及解决问题的思路。相关概念的界定、系列理论的分析、工具的介绍为本研究从理论到实证奠定了坚实的基础。

第三章　创客精神内涵与维度研究

创客精神是创客运动的精神内核，是推动创客运动不断向前发展的精神力量。从微观层面讲，创客精神包括创客自身的先天性因素和经过专门训练后形成的内在的精神特质。创客精神能够使创新主体充分发挥自身的主观能动性，激发创造活力和实践能力，让创客主体能够创造出更多更具创新性的产品或者服务。现有的研究主要围绕创客精神的概念和生成机制开展，产生了一系列研究成果。目前研究大多认为，创客精神作为创客从事创客活动的精神动力，能够对创客的创新性活动和创新性成果的形成产生一系列影响。但是，对创客精神的内涵到底是什么、创客精神究竟包含哪些维度、创客精神如何对创客的创新行为产生影响等问题，目前还没有形成权威的研究成果。本研究运用质性研究方法进行探索性研究，深入挖掘创客精神的内涵和具体维度，构建创客精神理论模型，为下一步深入探索创客精神与知识工作者创新行为的关系提供理论依据。

一、创客精神的理论背景

（一）创客精神的起源与演化

创客运动发展是实践发展领先于理论研究的过程。创客是伴随着知识经济的发展而产生的，是知识经济时代的产物。英国的《创意产业纲领文件》将创意产业定义为："源于个人创造力、才华与技能，并有潜力通过知识产权的转移与利用创造财富与就业机会的产业。"文件认为，创意产业包括广告、建筑、设计等13个行业，政府推动和精英引领是这一时期创意产业大力发展的主要原因和显著特征。随着经济的发展，人类社会实现了从工业经济时代向全球创新时代的跃迁。全球创新时代互联网的发展，使得创新过程的网络化、全球化特征越来越明显。在创意时代，精英创造大众产品的创新过程和形式逐渐被普通用户参与到与自身密切联系的有关产品的研发过程替代。麻省理工学院研究实践的"生活实验室"就是典型代表。进入21世纪，互联网和电子商务的飞速发展，特别是3D打印、开源软件和人工智能等技术为创客运动的蓬勃发展提供了土壤。创客运动的兴起真正改变了创新仅由少数精英、企业、组织垄断的局面，使得任何想参与和从事创新的个体都可以真正主导整个创新活动的全过程。

陈劲等人（2019）提出了基于范式跃迁视角的管理学理论的代际演变与趋势[123]，如图 3-1 所示。随着全球经济的发展，世界经济已从知识经济时代逐渐进入全球创新时代。随着时代的变迁，管理理论从最初的经济人假设依次发展为社会人假设、知识人假设和新智人假设。以整合管理为特征的第四代管理理论，更加关注新智人的概念，以及人本主义与科学主义、哲学与科技融合的发展，从而实现了"整合与创新"。创客精神在不同的阶段也体现了不同的精神内核：效率精神、人本主义精神、创新精神及基于设计驱动的创新精神。

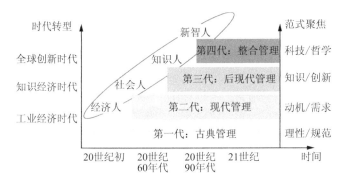

图 3-1 基于范式跃迁视角的管理学理论的代际演变与趋势

创客首次被写入政府工作报告，是在 2014 年十二届全国人民代表大会第三次会议上，李克强指出我国要着力培育新机制，鼓励更多的创客脱颖而出。他还进一步指出中国要建设自己的创客文化，要把"大众创业、万众创新"作为推动经济发展的新引擎。李克强在深圳柴火创客视察时指出："（要）让更多的人走进'创客'行列。"诺贝尔经济学奖得主菲尔普斯非常重视以创客为代表的草根阶层的创新作用，他认为，经济的繁荣在于大众的兴盛，即大众对创新过程的普遍参与。中国需要本土创新和草根创新。因此，有必要深入挖掘中国的创客现象，梳理清楚中国情境下创客精神的内涵。

（二）中国情境下创客精神的内涵

中国改革开放 40 余年的实践，极大地解放和发展了生产力，激发了民众的创新潜能，使创客运动也得到了蓬勃发展。作为创客群体价值共生的结果，创客精神的内涵和实质需要进一步得到挖掘、充实和应用。创客精神能促进更多的草根阶层成为中国创新和创业的新生力量，进一步推动中国创新创业的发展。中国创客运动从开始创立到发展至今，也出现了一大批优秀的创客，为中国的创新创业发展提供了强劲的动力，他们不仅延续了创造全新的产品的创客精神，也衍生出一大批依托创新型技术和产品创业的新兴创客企业家。

　　随着社会经济的进步，全球创新的格局影响着每一个人。在参与全球创新的过程中，中国创客运动逐渐在全国发展起来，并形成了一批成功的创客。程晨（2015）是新中国第一批创客中的一员，他认为："创客就是一群喜欢动手，努力把自己的想法付诸实践的人。创客并不只是一群人，创客更是一种具有时代特征的文化，是随着开源硬件兴起和互联网的发展逐渐成长起来的一种亚文化，是伴随着创客运动的实践发展在大众文化中产生的新型变种文化。这种文化倡导实践、分享和开源，呼吁大众重视自己的兴趣，坚持从兴趣出发，而不是单纯以赚钱为唯一的目的。"[161]吴俊杰指出，创客跟创业有区别，创客代表了未来的一种生活方式。陈方毅从2012年就开始频繁地参加各种创客活动，他（2015）认为："创客和创业最大的区别是一个是玩技术，一个是玩产品，创客主要玩技术。随着双创观念的提出，大家更关注创业，对创客的理解却出现了偏差，整个创客的氛围也变得非常浮躁，创客运动呼唤创客精神，他要把最原始的创客精神找回来。"[162]陈方毅提出，大家对创客理解上的偏差实际已经成为双创时代研究中国创客精神不得不面对的问题。陈正翔（2015）认为，创客就是DIY爱好者，国内外创客还是有区别的，"国外的创客空间分得非常细，比如有关注软件的Hackerspace、关注硬件的Makerspace、关注艺术跨界的Fab lab，而国内基本只有Makerspace，国内创客空间偏重硬件"[163]。陈吕洲（2015）认为，"创客就是将兴趣融入实践，实现创新的人"。英特尔中国研究院院长吴甘沙说："设计和制造新产品不再是少数人的专利，创客的创新活动有望成为社会创造和创新的新力量。创客运动能从基因上和根本上改造传统的制造业。创客运动的小批量产品满足的是特定客户需求，向客户提供设计方案和制造，与用户的互动关系极强。这种灵活的个性化、定制化的生产方式是对传统制造业的巨大挑战""创客们展现出的创新潜力，让业界对其寄予厚望"。国内第一代创客李大维、伍思力和谢旻琳共同创办了上海最早的创客空间"新车间"，李大维（2015）认为："中国的创客群体正在迅速地蓬勃壮大，人们会更加感受到创客给世界带来的变化。"

　　梳理关于创客研究的相关文献和创客的案例不难发现，传统创客对于创客精神的认识与"双创"时代创客精神的内涵和实质还存在一定的偏差。数字经济时代创客精神的形成是创客群体价值共生的过程。立足中国国情下的创客案例，深入挖掘当前中国本土创客的故事，寻找草根创新者通过创客活动引领创新潮流的精神基因，提炼出中国式创客精神的内涵是时代的需要，更是我们立足当下开展研究的使命和目标所在。

二、基于扎根理论的研究设计

按照前文的研究，本书结合扎根理论，采取定性研究方法，进一步开展基于中国情境的创客精神内涵研究及维度分析。现有的文献研究表明，扎根理论可被广泛用于构建新的理论框架。随着扎根分析方法在研究中的深入应用，该方法逐渐运用于概念维度的测量。王建芹（2019）基于扎根理论，采取质性研究方法，提取并归纳出旅游消费者公民行为的内部结构维度，并制作了相应的测量量表[165]。熊艳等人（2019）基于深度访谈法，运用扎根理论，对品牌似人视角下品牌自信的概念和维度进行了质性研究[166]。陈奎庆等人（2019）在梳理创业型领导理论发展历程的基础上，运用扎根理论，采取质性研究方法，对创业型领导在中国情境下具有的独特内涵进行了深层次探讨，并开发了中国情境下的创业型领导测量工具[167]。姜晨（2010）从质性研究的角度，应用扎根理论，对组织即兴构念所包含的内容及维度进行分析，初步得出组织即兴构念模型[168]。基于以上分析，本书结合研究需要，依据扎根理论，采取质性研究方法开展基于中国情境下创客精神的内涵和维度研究。

（一）样本选择及数据收集

本书主要采用文本分析的方式展开，通过现有的关于创客的访谈和报道研究和挖掘创客精神的关键因素和内涵。本书主要关注创客及创客精神的访谈资料及各类关于创客和创客精神的报道，并按照扎根理论研究方法的要求积极寻找一切可以深度反映中国创客发展现状的报道和资料，通过丰富的数据进一步研究创客精神的内涵。

为了确保材料的全面和丰富，本研究采用了理论抽样的方法。理论抽样的原则是在选择案例的时候要有意识地考虑并依托于相关理论和需要形成的概念。因此，在案例选择时要坚持以下三个标准：

第一是选取的创客研究对象必须是中国创客界公认的、影响力大的典型代表。

第二是研究对象比较早地在中国从事创客活动，并且一直保持成功，形成了一定的社会影响力。

第三是研究对象始终专注于创客工作，并且对创客及其周边衍生概念如创客空间等有较为清晰的认识。

根据以上三条标准，我们在互联网上分别以"创客""创客精神""创客精神访谈"为关键词进行了搜索，一共搜索到有价值的关于创客的深度报道28篇。此外，本研究在调查中发现，自2015年起河南省郑州市每年会举办一次"中国创客领袖大会"。其中，2015年召开的"中国创客领袖大会"将每年的12月12日确定为"中国创客日"。截至2021年，"中国创客领袖大会"

已经举办了 6 届。自第二届中国创客领袖大会开始，每年都会评选"中国创客十大年度人物"，每一届大会遴选出的"中国创客十大年度人物"代表了中国的创客群体，其遴选标准也充分反映了政府和民众对中国创客群体的认知。

本研究搜集并整理了中国创客大会的相关内容，将中国创客十大年度人物作为进一步挖掘中国创客精神的研究对象。在充分搜集和挖掘资料的基础上，本研究选择了对其中 29 位"中国创客年度人物"进行的深度报道，并将这 29 篇深度报道与前面搜集到的 28 篇深度报道作为扎根分析的基本资料。基本资料如表 3-1 所示。

表 3-1 创客访谈报道基本情况

序号	报道人物	网文题目	创客事迹	网文来源
1	——	创客精神是什么意思	MakerFaire	同城创客
2	——	创客精神是什么意思	STEAM 教育	造物世界
3	——	什么是创客精神，创客文化	MakerFaire	搜狐网
4	曹仰锋	什么是创客精神	海尔集团	腾讯新闻
5	——	什么是真正的"创客"精神	英菲尼迪	搜狐网
6	——	创客体现移动互联网精神		虎嗅网
7	——	最冷清的 MakerFaire，正在回归的创客精神	MakerFaire	搜狐网
8	——	创客谈创客一切都是源于自我的兴趣	创客嘉年华	环球网
9	向世清	创客精神在于分享	——	同城创客
10	——	创客精神在未来有什么作用	——	网易
11	——	创客文化是什么意思	——	同城创客
12	程晨	程晨：创客的小梦想与大未来	创客布道师	豆瓣网
13	贾伟	创客精神是一种对生活的再创造	洛可可设计有限公司	新浪微博
14	何影	优秀创客访谈：俏佳人进击互联网，最贴心的美丽顾问	联合仪关	赛氪网
15	刘谦	创客访谈：海尔创客实验室的忠实粉丝——一个充满激情的优秀创客	大学生创客	豆瓣网
16	——	创客和创业最大的区别是一个玩技术一个玩产品	——	科技日报

序号	报道人物	网文题目	创客事迹	网文来源
17	陈吕洲 陈士凯等	创客故事：激扬青春，怀揣梦想去创造	十一位不同创客	半月谈网
18	王尤举	创客精神内在机理及培育研究	——	《文化与教育》
19	祝智庭	从创客运动到创客教育	——	《电化教育研究》
20	——	用"闹客精神"重新定义"创客"	——	钛媒体官方网站
21	符玉海 冼文东	创客专访：有一种创客精神叫永不放弃！	CSS 千刀创客计划	搜狐网
22	尹晓峰	创客访谈——就要有着不一样的"亮剑"精神！	浙江羽化网络科技	搜狐网
23	丁仁海	体育创客专访之丁仁海	优肯篮球	搜狐网
24	陈方毅	创客梦想家，用科技培养人才	宁波创客文化布道者	央广网
25	吴俊杰	"家"也是创客空间，乔布斯和比尔·盖茨的奋斗经历最初的起点都是在车库里面开始的	国内最早一批研究 STEAM 教育与创客教育的学者	搜狐网
26	乔布斯	从乔布斯年轻的经历看创客的定义	苹果公司创始人	同城创客
27	陈正翔	老爹访谈：陈正翔——我不是创客	CapabilityLimited 电动滑板公司花臂黑客潮人	SegmentFault 中文技术交流网
28	李大维	深圳的山寨才是真正的创新	中国创客教父	搜狐网
29	胡玮炜	摩拜单车最高估值超 100 亿：摩拜单车创始人胡玮炜的逆袭故事	2017 十佳创客	搜狐网
30	姜华	昆仑决创始人姜华：用实力铸就武者辉煌	2017 十佳创客	腾讯网

序号	报道人物	网文题目	创客事迹	网文来源
31	李斌	蔚来创始人李斌：中国汽车产业正处在20年来最难的时期	2017 十佳创客	新浪财经
32	李寅	85后青年CEO李寅：创业源于内心的富足和兴趣	2017 十佳创客	人民网
33	乔松涛	UU跑腿CEO乔松涛：草根创业者的艰险100天	2017 十佳创客	前瞻网
34	孙陶然	黑马导师拉卡拉上市孙陶然：所有成功都是九死一生的结果	2017 十佳创客	搜狐网
35	王小川	搜狗CEO王小川：在搜狐内部创业	2017 十佳创客	创客领袖大会资料
36	王玉东	王玉东：让不动产"动"起来	2017 十佳创客	一龙网
37	吴声	场景实验室创始人吴声：战"疫"后的新商业开局	2017 十佳创客	腾讯网
38	赵国庆	对话马上金融创始人兼CEO赵国庆：致力成为最被信赖的金融服务商	2017 十佳创客	创客领袖大会资料
39	甘云锋	数澜科技甘云锋：要么做出价值，要么赶紧死	2018 十佳创客	创客领袖大会资料
40	葛佳麒	VIP陪练创始人葛佳麒：做有价值的事，成为推动世界前进的1%	2018 十佳创客	创客领袖大会资料
41	金明	极链科技Video++创始人兼CEO金明：AI下的新文娱经济体如何燥？	2018 十佳创客	创客领袖大会资料
42	罗剑	火花思维创始人罗剑：在线教育应回归本质，保持初心	2018 十佳创客	创客领袖大会资料
43	钱治亚	瑞幸创始人钱治亚亲自解读成长攻略：咖啡黑马是这么炼成的	2018 十佳创客	创客领袖大会资料
44	肖国华	安翰医疗联合创始人肖国华：关键技术和多方应用是独角兽的两大必要条件	2018 十佳创客	创客领袖大会资料

续表

序号	报道人物	网文题目	创客事迹	网文来源
45	杨文龙	全国政协委员、叮当快药创始人杨文龙：建议加快互联网医疗、医药平台与当地医保系统互联互通	2018 十佳创客	创客领袖大会资料
46	李文	汇添富基金董事长李文：公募发展仅是开始行业面临历史性发展机遇	2019 十佳创客	创客领袖大会资料
47	刘志硕	中关村大河资本创始合伙人刘志硕：爱国是当下创业成功的必要能力	2019 十佳创客	创客领袖大会资料
48	汪潮涌	信中利董事长汪潮涌：创业让人生更精彩	2019 十佳创客	创客领袖大会资料
49	张文中	物美控股董事长张文中：碰到灾难和挫折时，信仰很重要	2019 十佳创客	创客领袖大会资料
50	陈泽民	三全集团创始人陈泽民：74 岁再创业，"我要打世界上最深的地热井"	2020 十佳创客	创客领袖大会资料
51	程维	每经专访滴滴出行创始人程维：交通产业下一站是新能源、共享、智能化	2020 十佳创客	创客领袖大会资料
52	廖杰远	民营经济的杭州故事：微医创始人廖杰远——企业想走出一条创新之路，离不开政府的包容和试错	2020 十佳创客	创客领袖大会资料
53	林利军	正心谷创新资本林利军：40 岁之后，我才明白……	2020 十佳创客	创客领袖大会资料
54	毛大庆	优客工场创始人毛大庆：疫情或催生办公方式的巨大革命	2020 十佳创客	创客领袖大会资料
55	盛希泰	洪泰基金创始人盛希泰：中国目前最大的市场总量全球都要颤抖	2020 十佳创客	创客领袖大会资料
56	张刚	财视传媒 CEO 张刚：直播针对的是 95 后群体不是 80 后大叔	2020 十佳创客	创客领袖大会资料
57	朱烨东	中科金财朱烨东：从 50 万到 500 亿	2020 十佳创客	创客领袖大会资料

为确保数据的典型性和针对性，本书对收集到的资料内容进行了系统地整理，资料有来自专家、学者的报道，有来自资深创客的访谈，还有一些来自青

年大学生创客的访谈，所有的案例均是创客精神研究的典型。另外，根据本研究的基本架构和理论构建，笔者随机选取了 49 篇报道进行扎根编码，预留 8 份原始材料进行理论饱和度检验。

（二）资料准备

用 Nvivo 11 软件做质性分析需要做细致的前期准备工作，准备工作内容包含建立新项目、原始资料的整理和导入。建立新项目是指在 Nvivo 11 软件中点击新建项目并依据研究内容对新建项目进行命名。按照研究设计，本研究建立的项目名称是"创客精神内涵"。命名结束后，选择好项目文件存放的位置，一个新的质性研究项目就算建成了。项目创建结束后，通过 Nvivo 11 软件在"我最近的项目"中点击项目名称即可开展项目。

初步整理原始资料是质性研究的重要步骤，在这个步骤中，要剔除相关访谈内容中的记者或者其他人员的提问内容，同时按照文本的不同主题将文本进一步细分，分成若干个关键的事件，以便后期对文本进行编码。

导入资料就是将整理好的资料导入 Nvivo 11 软件。外部资料、内部资料、框架矩阵及备忘录等都是原始资料。Nvivo 11 支持以 Word 格式保存访谈记录，还能导入并处理 PDF、音频、视频、数据集、图片等不同格式的文件。经过前期的收集和整理，本研究的资料主要为 Word 文档，资料导入软件后的情况，如图 3-2 所示。

图 3-2　项目建立和资料导入示意

三、访谈资料编码与模型构建

（一）开放式编码

开放式编码是进行质性研究的关键步骤，主要通过对经过整理的研究资料逐句逐行地进行编码、添加标签等，从而挖掘初始概念，提炼出范畴，以便进行下一步的数据处理。在开放式编码的过程中，一方面需要按照最大可能性原则识别研究资料中的一切理论可能，保证结果具有足够的开放性；另一方面需要尽可能使用原始代码，让其中的初始概念自然呈现，在保证符合受访者观点的同时，可以对原始语句进行抽象化处理。本研究将获取到的创客访谈及新闻报道稿件作为文本资料进行开放式编码和信息挖掘。为进一步深入分析研究的基础资料，Nvivo 11 提供了词频查询功能，可以更加清晰地对资料进行编码。通过对已经导入的报道资料进行分析，形成词语云，如图 3-3 所示。词语云显示了研究资料中词频较高的关键词，高频词语包括创新、分享、创业、互联网、创造、实践等都与前面我们已经开展的关于创客精神的前期研究观念基本吻合，也为继续开展创客精神的研究奠定了基础。

图 3-3　原始资料词语云分析结果

质性研究阶段，打开质性研究的项目任务后的第一步就是建立节点。建立节点的过程就是在软件主页创建新的自由节点并给节点命名。每一个节点表述是一个初始范畴，初始范畴涵盖原始资料的文本信息，这些初始范畴就是原始代码。在开放编码阶段，我们一般可以通过浏览编码、活力编码、自动编码三种形式进行编码。浏览编码的过程主要指研究者在对原始资料进行深入研读和分析的基础上根据研究内容将需要通过编码进一步分析的内容编到相关节点；活力编码是研究者利用原始文档的关键词快速产生节点，并根据相应内容进行编码的过程；自动编码则是指研究者对原始资料按照标记过的段落形式自动编码的过程。本书选择浏览编码的方式构建原生代码。在保留与本研究相关性很强的数据后，进行概念挖掘，最终得到 15 条概念和 12 个范畴，形成开放式编码范畴化的结果，见表 3-2。

表 3-2 开放式编码范畴化（部分实例）

原始资料语句	初始概念化	范畴化
a01：创客是把个人的爱好、兴趣、创意转化为实际产品的人，创客精神即热爱创意和挑战。 a02：创客群体所呈现的与众不同的创新精神：无惧负担、富有激情，很多创客体现出为艺术而艺术、因热爱而创新的创新行为。	A1 热爱创意和挑战	热爱创新
a03：创客体现出的是一种孜孜不倦追求创新和创造的境界。	A2 孜孜不倦地追求创新和创造	
a04：戴雷博士表示："不是所有的创客最后都能成为人生赢家，但最终能够成就一番事业的创客，必定是充满创新精神，能够始终投入的人，创新就是要努力打开新世界的大门。"	A3 全身心投入事业	
a05：很长时间内，三全一直是中国速冻产业的开拓者，陈泽民则充当了赛道上孤独而宽厚的领头羊。 a06：创客在中国的情境下又被赋予了其原始意义没有包含的新的意义，成为创新的代名词。一种不墨守成规、能自我革新与突破的创新精神会成为一种必须。	A4 在领域内不断开拓，坚持自我革新与突破	敢于探索
a07：创客永远保持好奇心与大胆尝试。 a08：创业需要胆量，创新也需要敢字当先。 a09：创新最重要的素质是勇于探索新事物，发现新需求。	A5 保持好奇心，大胆尝试，勇于探索新事物	
a10：外部环境加剧竞争性，只有创新才能适应和穿越发展周期，也只有创新才可能成功登顶胜者为王的境界。	A6 创新获得核心竞争力	开拓进取
a11：分享是创客精神的重要的表达方式，是互联网及互联网社区不断发展后所形成的新时期特有的创客造物过程和形式。 a12："新车间"的创客们愿意无私分享自己的知识。每周三晚上是"新车间"免费向公众开放的分享会。分享会分享的过程中，创客们互相展示和分享自己的作品。 a13：创客不光是做自己喜欢的事情，他们也有将创造成果和作品共享的迫切需求，希望能够与其他人进一步探讨交流，更希望创新成果能够为他人所用。	A7 通过互联网无私分享自己的知识、成果及作品	无私分享
a14：创客鼓励平等，往往会牺牲自己帮助他人。 a15：UU跑腿的管理团队始终坚持要和众包人员打成一片，团结在一起。	A8 鼓励平等，往往会牺牲自己帮助他人	鼓励平等

原始资料语句	初始概念化	范畴化
a16：创客文化是鼓励合作与分享的，分享与合作的过程是集合众人力量，实现技术突破的过程。 a17：乔布斯、扎克伯格、比尔·盖茨为代表的创客们，绝大部分是从草根阶层一步步走来，要实现技术创新，甚至产生划时代的创新技术，需要创客们团结协作。	A9 创客在分享与合作的过程中集众人力量，实现技术创新	合作共赢
a18："大胆假设，小心求证"，没有对作品的精雕细琢，追求极致细节，估计就看不到这些令我们惊叹的作品了。 a19：创客们要具备追求细节、精益求精的精神，努力追求极致表现，才能最大化地创造和展示自己的价值与成就。	A10 对作品精雕细琢，追求细节，精益求精	精益求精
a20："在创业的征途上，最大的失败就是放弃。"作为青年创业者的精神领袖，马云缔造阿里巴巴，他认为青年创业者要把坚持、投入当作成功创业的必修要素，这也是"创客"必须具备的精神特质。 a21：做事情要坚持不懈，短暂的激情没有价值。 a22：企业关注短期利益就会跑偏，会忽略建设真正的竞争优势，我所有的失败都是因为短期。	A11 要把坚持、投入当成成功创业的必修要素，做事情要坚持不懈	坚持不懈
a23：创客就是将创意连接到技术的过程，这个过程体现了理论和实践的充分结合，具有实践特征，充分体现了"知行合一"的实践精神。 a24：廖杰远始终将"勤勉"作为自己的座右铭。往返于多个城市之间，是他每天工作的常态，他今年去了最多的地方是河南的郏县。 a25：一定要做坚决的行动者，不要空想，要坚决地行动。	A12 知行合一，勤奋努力	脚踏实地
a26：其实当个人碰到这样一些大的困难和挫败的时候，我觉得个人的信仰还是很重要的。 a27：二次创业的陈泽民用"不忘初心，重拾旧梦"归纳和形容自己的创客梦。	A13 遇到困难与挫折时，坚定信仰，不忘初心	不忘初心
a28：他们已经为北京乃至周边输送了五千人次的开放性实践课，未来会把公益课堂普及到教育资源相对落后的地区。 a29：我们做有价值的事情，而不是做牟利的事情。 a30：爱国是当下创业成功的一种必要的能力。 a31：奉献我们的青春，帮助一批企业家成长，用创业的优秀成果和业绩回馈社会，反哺那些曾经帮助过你的人，能够感恩的人生才是精彩的。第二是胸怀感恩之情、奉献之心。作为新时代的企业家，感恩所处的这个时代是非常必要的。	A14 做对社会有价值的事，有爱国情怀，心怀感恩	回馈社会

原始资料语句	初始概念化	范畴化
a32：与依赖国家和政府的基金扶持的做法不同，创客们最可贵的精神品质是坚持独立自主与创新创造，而不是依赖扶持。坚持在创客精神引领下进行独立自主地创造，最终产生的生产力一定是自由的，并能够摆脱对专有资源和特定机构的依赖。 a33：双创时代，创业者也是创客的角色之一。"创客就是创业者"已然成为社会大众的普遍共识，"创客"也被很多媒体用来定义和描述关于创业的报道。	A15 坚持独立自主与创新创造	独立自主

通过对创客访谈及新闻报道稿件等原始资料的提炼，我们得出 12 个概括创客精神的对应范畴。创客群体热爱创意和挑战，孜孜不倦追求创新和创造，全身心投入事业对应的是热爱创新这一范畴；创客群体在领域内不断开拓，坚持自我革新与突破，保持好奇心，大胆尝试，勇于探索新事物对应的是敢于探索这一范畴；创客群体通过创新获得核心竞争力对应的是开拓进取这一范畴。对热爱创新、敢于探索、开拓进取这三个范畴，可以将其概括为创新精神。

创客群体通过互联网无私分享自己的知识、成果及作品对应无私分享这一范畴；创客群体鼓励平等，往往会牺牲自己帮助他人对应鼓励平等这一范畴；创客群体在分享与合作的过程中集众人力量，实现技术创新对应合作共赢这一范畴。对无私分享、鼓励平等、合作共赢这三个范畴，可以将其概括为共享精神。

创客群体对作品精雕细琢，追求细节，精益求精对应精益求精这一范畴；创客群体要把坚持、投入当成成功创业的必修要素，做事情要坚持不懈对应坚持不懈这一范畴；创客群体知行合一，勤奋努力对应脚踏实地这一范畴。对精益求精、坚持不懈、脚踏实地这三个范畴，可以将其概括为实践精神。

创客群体遇到困难与挫折时，坚定信仰，不忘初心对应不忘初心这一范畴；创客群体做出对社会有价值的事，有爱国情怀，心怀感恩对应回馈社会这一范畴；创客群体坚持独立自主与创新创造对应独立自主这一范畴。对不忘初心、回馈社会、独立自主这三个范畴，可以将其概括为创业精神。

表 3-3 概括了相关资料中的代表性语句和其所对应的范畴，以及提炼出的主范畴。

表 3-3　代表性语句对应范畴

主范畴	对应范畴概念	代表性语句
创新精神	热爱创新	创客体现出的是一种孜孜不倦追求创新和创造的境界
	敢于探索	创客永远保持好奇心与大胆尝试
	开拓进取	只有创新才可能成功登顶胜者为王的境界
共享精神	无私分享	有将创造成果和作品共享出来的迫切需求
	鼓励平等	创客鼓励平等，往往会牺牲自己帮助他人
	合作共赢	创客文化是鼓励合作与分享的
实践精神	精益求精	创客们要具备追求细节、精益求精的精神
	坚持不懈	做事情要坚持不懈，短暂的激情没有价值
	脚踏实地	一定要做坚决的行动者，不要空想，要坚决地行动
创业精神	不忘初心	用"不忘初心，重拾旧梦"来归纳和形容自己的创客
	回馈社会	我们做有价值的事情，而不是做牟利的事情
	独立自主	坚持在创客精神引领下进行独立自主地创造

（二）主轴式编码

主轴式编码是扎根理论的重要步骤，其主要目的是发现和建立各自独立的范畴之间的联系，以便更深入地挖掘范畴间的逻辑关系，并按照研究需要进一步发展主范畴和副范畴。开放式编码为主轴式编码奠定了基础，主轴式编码主要是通过聚类分析的方式对经过开放式编码提炼出来的范畴进行进一步的分析，挖掘范畴间存在的内在逻辑联系，同时根据初始范畴之间存在的内在逻辑关系对其进行总结和归纳。本研究通过对不同范畴进行归类，找出主范畴。通过将资料进行关系分类和主范畴分析，梳理出与创客精神及知识工作者创新行为具有相关性的关系线。

因此，在主轴式编码的过程中，本书将对第一阶段产生的初始概念反复进行比较，按照"因果关系—行动策略—结果"的顺序对开放式译码得到的结果进行总结，从而解读出主轴译码。

首先，个体如果具有创新精神，就会在工作中更多地表现出锐意创新的内在意愿。当个体具有热爱创新、敢于探索、开拓进取的特质时，他们的视野更加开阔，分析问题也更加全面，通常能够提出更好的解决方案，为创新活动指明正确的方向，帮助其进行创新。因此，第一个主范畴的逻辑主线为具有创新精神的个体善于利用现有思维模式提出新的见解，敢于尝试新思路和新方法，实施创新行为。

其次，具有共享精神的个体在社会关系网络方面更能够发挥自己的优势，在创新活动的过程中，可以与同事交流经验，促进知识在企业内部的共享与传递，从而为创新活动的开展提供知识来源。因此，第二个主范畴的逻辑主线是指个体的共享精神促进其产生创新行为和新社会网络关系的形成，加强个体之间的关联程度，持续增加创新优势。

再其次，具有实践精神的个体一旦确定了自己的努力方向，便会坚持走下去，并且在过程中精益求精，有效推动创新行为的开展。因此，第三个主范畴的逻辑主线可以概括为具有实践精神的个体对未来发展有明确规划，在不断进取的过程中时刻保持危机感，脚踏实地地实现创新目标。

最后，具有创业精神的个体更倾向于自主创新，做对社会有价值的事情，积极探索创新发展的路径。因此，第四个主范畴的逻辑主线可以概括为具有创业精神的个体高度关注企业发展状况，追求企业价值和社会价值的共同发展，在承担各种责任的基础上开展各项创新活动。

（三）选择性编码与理论模型构建

选择性编码的关键意义在于研究者能够从主范畴中挖掘关键范畴，分析核心范畴与初始范畴、主范畴之间的联系，以"故事线"描绘全部的脉络条件和行为现象，从而构建创客精神理论。

在完成前面各阶段的基础操作后，各个范畴之间的相互联系已经建立，接下来将进入执行分析的整合过程，该过程重点将前面编码分析的结果进行整合，形成具有分析逻辑的关系模型。运用 Nvivo 11 软件生成关系逻辑模型的主要步骤如下：

1. 创建群组

在 Nvivo 11 中利用创建功能创建群组，并为所创建的群组命名。如图 3-4 所示，创建"创客精神内涵模型"群组。

图 3-4　创建群组

2. 建立关系类型

关系类型主要被用来描述节点之间的作用关系，节点之间的关系类型主要通过不同的"箭头"和"直线"形式来表示，常用的有单向箭头、双向箭头和直线。根据本研究需要，创建单向关系类型，并将其命名为"依据"，即表示一个节点对另一个节点的单向影响，如图 3-5 所示。

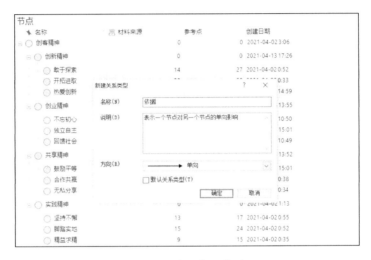

图 3-5　建立关系类型

3. 建立关系节点

建立关系节点是关系模型生成的关键环节，关系节点的选择会直接影响后面的关系模型。使用上述已经建立好的关系类型，建立节点之间的作用关系，从而建立关系节点。如图 3-6 所示，本研究共建立了创业精神、共享精神、实践精神、创新精神 4 个关系节点。

图 3-6　建立关系节点

4. 生成关系逻辑模型

建立好关系类型和关系节点之后，开始构建关系模型，用于进一步体现资料分析中的关联性。具体操作主要是在 Nvivo 11 中点击"探索"功能选项，建立项目模型，并通过"添加项目"项把与研究分析有关的自由节点、树状节点和关系节点逐一添加到模型中，即可生成关系逻辑模型，本书的关系逻辑模型如图 3-7 所示。

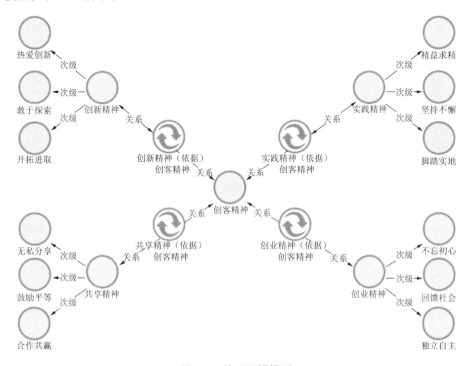

图 3-7　关系逻辑模型

基于前文的开放式编码和主轴编码，本书对概念及范畴进行更深层次的分析和选择性编码，将特定的逻辑主线作为串联工具，使得主范畴与副范畴符合一定的逻辑，从而构建理论模型。因此，本书的核心范畴为"创新精神""共享精神""实践精神""创业精神"。在前文的开放式编码和主轴编码的基础上，本书将"创客精神如何驱动知识工作者创新、开展创新活动、持续进行"的故事线概述如下：创新精神是知识工作者开展创新行为的内在驱动力，具有创新精神的知识工作者对新思想、新策略及前瞻性研发更感兴趣，从而对创新活动的开展产生了潜移默化的影响。共享精神和实践精神可以使知识工作者在社会网络中有效开展创新活动，将创意落到实地，使创新产品在走向市场的过程中步伐更稳健。创业精神是知识工作者进行持续创新的关键所在，良好的企业文化所带来的群体智慧和新鲜血液能够为知识工作者的创新提供源源不断的精神动力。

根据上述故事线分析和编码结果形成了下列创客精神内涵系统，如图 3-8 所示。

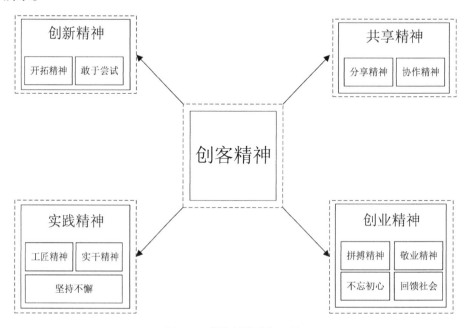

图 3-8   创客精神内涵系统

（四）理论饱和度检验

在扎根理论研究流程中，只有当理论抽样达到饱和状态后才可以停止抽样。本书参照杨学成、许紫媛（2020）对理论饱和度检验的检查步骤[169]。首先，本书对开放式编码和主轴编码过程中产生的概念及范畴间的隐含关系进行概念化处理，接着依据数据—编码—模型的过程多次搜集数据并确认，将其产生的概念与理论与已经得到的六个核心范畴进行对比，通过反复比较，最终发现并没有产生新的概念维度。因此，从理论和概念上来看，理论抽样已经达到了饱和状态。

此外，本书通过对预留的原始材料继续进行饱和度检验。仍然按照之前的编码和分析步骤，最终发现这部分材料最后得到的概念维度与先前的研究结果相吻合。也就是说，针对后续材料进行编码分析，并没有产生新的主范畴和概念，均被先前提炼的四个主范畴包含。鉴于此，本书认为初步建立的选择性编码在理论模型上已经达到饱和状态。

四、模型要素阐释

根据扎根理论，本研究通过运用 Nvivo 11 强大的编码功能对研究的基础文献信息创建了三级编码，各编码节点间的逻辑关系呈从属结构。初级编码（即三级节点）是在系统阅读文献的过程中通过对词、句进行分析建立的，位于从属结构的最底层；二级节点是对三级节点的进一步分类和概括，处于从属结构的中间层；一级节点则是在综合分析所有原始研究文献资料和充分阅读创客精神相关理论文献的支撑下进一步抽象出的概念，即创客精神的维度。

本研究通过质性软件 Nvivo 11 的选择性编码功能得到了其中的四个主范畴，即创新精神、共享精神、实践精神、创业精神。这四个范畴是创客精神的主要维度（即一级节点），节点的编码参考节点所占的比例见图 3-9，参考节点所占的比重表明创客群体包含这种精神的普遍程度。

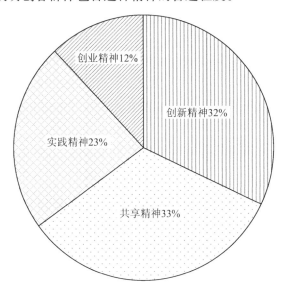

图 3-9 一级节点编码参考节点百分比

由图 3-9 可知，创客精神维度中创新精神和共享精神的编码点较多，创新精神的编码点占总编码点的 32%，共享精神的编码点占总编码点的 33%。实践精神和创业精神的参考点相对较少，所占比例分别为 23% 和 12%，这在一定程度上说明实践精神和创业精神的二级节点有待进一步挖掘研究。扎根理论中三级编码形成的从属结构使得一级节点的参考点数量依赖于其下属节点数量和自身的参考点数量之和，探究创客精神的内涵及维度不应仅停留在宏观层面，还应当深入挖掘微观层面的精神，从而进一步提升对创客精神的认识。

创新精神是指创客具有能够综合运用已有的知识进行革新的品质。从某种意义上说，创新精神是附着于创客最重要的无形因素，是创客的灵魂。创新精神反映了创客对待新鲜事物的好奇心和敏锐洞察能力。根据深度访谈结果，创新精神的二级节点包含开拓精神和敢于尝试，其中开拓精神在 33 个材料中有所提及，参考点较多，达到 59 个，这表明创客群体都乐于探索新事物和开拓新领域，如表 3-4 所示。创新精神在 Nvivo 11 探索窗框下导出的"创新精神"结果，如图 3-10 所示。

表 3-4　创新精神编码参考点

一级节点	二级节点	材料来源	参考点
创新精神	敢于探索	14	27
	开拓进取	33	59
	热爱创新	5	5

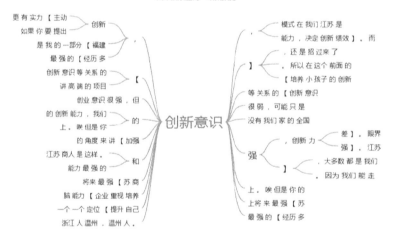

图 3-10　Nvivo 11 搜索框下导出的"创新精神"结果

共享精神是指在创新的过程中创客愿意与外部人员共享自己掌握的知识与技术，乐于帮助别人。本研究通过充分分析质性研究过程中的深度访谈发现共享精神，包括鼓励平等、合作共赢及无私分享，如表 3-5 所示。其中，合作共赢所占的参考节点较多，合作共赢的相关内容在 30 份材料中都有所提及，且参考点达到 44 个，这充分表明创客在从事创新的相关工作过程中愿意与他人合作，并且乐于通过协作的形式，在帮助他人中实现互助，完成自己的成果。

表 3-5　共享精神编码参考点

一级节点	二级节点	材料来源	参考点
共享精神	鼓励平等	4	4
	合作共赢	30	44
	无私分享	19	38

实践精神是创客将自己的创意付诸实践的精神。深度访谈可以发现，实践精神包括坚持不懈、脚踏实地、精益求精三个方面，见表 3-6。具备精益求精品质的创客更愿意将自己的创意通过实践加以实现，对已经开发或研制出的产品精雕细琢、精益求精，追求更完美的结果呈现；具备坚持不懈品质的创客往往更专注于自己热爱的事物，在做事情时更能坚持到底；具备脚踏实地品质的创客往往表现为更加注重踏踏实实做事，尽力干好所有工作。其中，脚踏实地的参考点最多，达到 24 个，表明多数创客具备脚踏实地的品质。

表 3-6　实践精神编码参考点

一级节点	二级节点	材料来源	参考点
实践精神	坚持不懈	13	17
	脚踏实地	15	24
	精益求精	9	17

创业精神是创客通过努力，采用创新或独特的方式追求机会、谋求创业，进一步创造价值的精神。中国的创客及创客运动的蓬勃发展从一开始就是与创新和创业两者密不可分的，国外的创客一般是创新的拥趸，而国内的创客往往是创新和创业者的代名词。这一点在调研我国创客相关事迹时也得到了验证。经过深度挖掘，本研究发现创业精神包括不忘初心、独立自主、回馈社会三个方面，见表 3-7。其中，回馈社会的参考点最多，达到了 20 个，这也表明创客乐于发现新需求，努力钻研革新，并通过创新实现创业，以创业带动就业，进一步回馈社会。

表 3-7　创业精神编码参考点

一级节点	二级节点	材料来源	参考点
创业精神	不忘初心	4	6
	独立自主	2	3
	回馈社会	13	20

五、本章小结

本章重点对创客精神开展了深入的研究。首先研究了创客精神的起源与演化，并进一步指出，随着经济社会的发展，创客精神的内涵发生了深刻变化，创客精神的形成是数字时代创客群体价值共生的过程。本章还重点研究了中国情境下创客精神的维度，通过运用扎根理论的分析工作，对中国情境下创客的典型案例进行质性研究，提炼出中国情境下知识工作者创客精神的四个维度，即创新精神、共享精神、实践精神和创业精神，为后续进一步开展创客精神与中国知识工作者创新行为的关系研究奠定了牢固的基础。

第四章　创客精神与知识工作者
创新行为关系分析模型构建

社会资本理论常常被用来解释个人或集体的创新行为。社会资本分为集体层面和个人层面两类。集体层面的社会资本将社会资本视作集体资产，集体会重点关注用社会资本提升集体价值；个人层面的社会资本将社会资本视作一种个人资本，重点关注如何用社会资本为个体行动带来收益。本章重点关注个人层面的社会资本如何影响创新行为，同时结合 COR 理论和 TAT 理论探讨基于 COR 理论的工作重塑中介效应和基于 TAT 理论的上级发展性反馈的调节效应，进一步构建知识工作者创新行为研究的理论框架。

一、知识工作者创新行为研究理论框架构建
（一）基于社会资本理论的创客精神与知识工作者创新行为

社会资本理论是指社会资本是行为个体从社会网络获得利益的能力，通常指行为人从社会网络成员的友谊和其他社会结构中获益的能力。行为人通过社会网络或社会结构获得的利益一般包括获得知识和信息的特权，获得共享的信息、开源的软件，获取新业务的优势和机会等。本书通过进一步梳理与社会资本研究相关的文献发现，社会资本的产生建立在社会网络的基础上，构建了一种组织内部的信任、网络与规范，通过在政府、企业和社会中的沟通和协同提高社会效率，从而提升创新网络体系中各主体的创新行为和效率。社会资本作为一种信任和规范，客观存在于创客群体，影响创客的个人资本——创客资本，并进一步规范和调节他们的工作行为。

第一，社会资本作为一种资源，体现为创客所拥有的所有的外部社会关系，能够对创客从事创新工作起到效用，提升其价值。社会资本是创客在既定的社会结构中通过共享等方式在社会关系网络中或其他成员身上获得的资源，并且可以依托社会资本实现自己的利益。

第二，社会资本是一种文化，体现为社会成员个体之间彼此信任与包容的文化。创客运动的发展得益于创客群体在这样一种文化中彼此之间信任、包容、共享，构建互惠互利的关系，形成一种具有非正式价值或规范的网络结

构，对于激励创客及创客群体实施创新行为和产生创新型成果具有重要意义。

第三，社会资本形成了一种机制，促进了社会网络内成员之间的互动。社会资本强调社会关系和社会结构的作用，无形之中构建了一个社会成员之间进行频繁交流的互动机制，对个体行为和组织效能的提升都产生直接影响，社会成员之间的沟通和交流越紧密，效能提升越大。

社会资本是一定社会结构的成员可以从特定的社会结构取得的资源。随着知识经济时代的到来，创客因其工作性质和业缘关系，构成了一种特定的社会结构。创客精神是创客在创客群体这一社会结构中可以获得的较为稳定的关系维度的社会资本。创客精神作为创客主体间的信任、协同、合作及网络资源，承担了将创客个体凝结成强大主体的重要作用。创客可以通过使用社会资本更好地实施创新行为，实现自己的目标，形成创新成果，推动创新发展。

基于社会资本的结构维度分析，本书综合前文关于创客精神的研究进一步开展关于创客精神的社会资本特征分析。卢衍帅（2020）的研究表明，个体的精神特质是一种典型的社会资本。如企业家精神植根于企业的文化与经营管理中，由此形成与其他主体不同程度的社会关系及社会网络，进而形成企业的社会资本[170]。周感芬（2012）认为，构建公共精神与社会关系网络间的信任有关，影响着民主政治和社会的发展，其不仅是和谐社会治理的重要工具，还是提升公民的道德素质、确立社会规范、强化政府与民众之间纽带的重要社会资本[171]。易滨秀等（2006）认为，员工创新精神铸造企业核心竞争力，助力企业谋取市场收益，在长期发展中员工创新精神不仅是企业获取竞争优势的重要利器与灵魂，还是企业在经营挑战中仰仗依赖的社会价值资本[172]。创客群体是一个以兴趣为纽带连接而成的创造性的群体，构成了一定的社会结构，在这一结构中的成员通过价值共生凝结形成创客精神，并通过创客精神的引领凝结成创客群体这一社会组织，他们通过共享和分享让创意更加完善。这一过程需要创客注重跨学科和跨领域的沟通和交流。创客精神最初体现为创客这一新兴群体身上所体现出来的、最具有特色的品质，随着创客运动的进一步深入和发展，创客精神逐渐稳定地体现为创客群体这一社会结构中规范化的网络关系。综合创客精神的特征，在创客精神的社会资本维度划分上，本书认为创客精神兼具认知维度的社会资本和关系维度的社会资本；从研究对象的角度划分，创客精神属于中观层面的社会资本。

按照个体层面社会资本理论的重要代表人林南（2005）的观点，影响个体取得社会网络资本的三个社会网络因素为个体与其他个体之间的关系强度、个体处于等级结构中的位置和个体在社会网络中的位置[173]。个体在等级结构中处于越好的位置，就越可能获取和使用更好的社会资本；个体越靠近社会网络中的桥梁，就越可能越过既有的圈子，获取更多的资源；个体之间的关系越强，就越可能共享和交换有效资源，维持和巩固现有的资源，越能得到情感与支持，越有利于取得成功；个体与其他个体之间的弱连接关系，则表示两者处在不同的社会圈子，有可能接触到异质的资源，有利于实现为达成特定目的而实施的行动的成功。基于社会资本理论，本书进一步提出要重视知识工作者社会资本的获取过程和获取实效，最大程度地争取有效和有利的资源，从而为知识工作者的创新提供支持和保障。

以社会资本理论为指导，进一步开展知识工作者研究。知识工作者不是孤立的个体，而是与经济、社会发展各个网络节点发生交互影响的节点之一，客观存在于经济、社会发展的各链条和区块中。知识工作者通过经济社会发展的各网络节点的关系实现协同和共享，并通过关系的作用获取信息和资源，特别是获取稀缺的资源，这一点构成社会资本对知识工作者创新行为的影响。

从社会资本的角度研究知识工作者创新行为，将管理学与社会学、经济学等有机结合，弥补传统理论对知识工作者社会网络、共享行为、信任机制研究的缺失，为知识工作者创新行为的研究开拓了新的视野。

社会资本对知识工作者创新行为的影响主要体现在以下四个方面：

第一，社会资本帮助知识工作者获取有价值的信息。随着经济全球化和数字时代的到来，世界日益变成一个经济共同体。共生是数字化时代的生存之道。隶属于不同组织的知识工作者通过共生构建、经营、拓展组织内部和外部的各种人际关系网络，并从网络中获取有价值的信息、知识或资源。知识工作者因为工作需要而构建和拓展的人际关系网络，构成了社会网络和社会结构。社会网络和社会结构的形成过程为知识工作者提供了多种获取信息的渠道。

第二，社会资本帮助知识工作者形成相互信任的共享机制。知识工作者要充分运用长期积累起来的相互信任、合作共赢、开源共享的社会资本，在个体创新过程中通过组织内外不同个体间的交流与合作，获得创新所需要的知识、信息和技术，这些都对知识工作者的创新行为有重要的作用。

第三，社会资本帮助知识工作者应对创新的不确定性。知识工作者的创新过程往往存在较大的不确定性和风险。丰富的社会资本为组织内外不同知识工作者之间的创新合作提供了平台和契机。强大的社会资本带来的人际关系、文化氛围等非技术因素对应对创新中的不确定性、推动合作、加强协同、实施更多的创新行为等有重要影响。

第四，社会资本帮助知识工作者构建区域创新网络。社会资本具有独特的区域性，基于区域性社会资本形成的创新网络一般是较为稳定的，而且有着非常独特的区域特质，很难被其他区域效仿和削弱。这一优势可以极大地推动区域内创新发展，容易形成区域优势和特色。依赖社会网络社会结构，知识工作者在获取社会资本的同时也积极地融入了该社会结构形成的区域创新网络之中。

综上所述，创客精神构成了创客个体行动者借助于创客群体这一社会网络和社会结构获得有效资源的能力的社会资本。社会资本作为特定主体间的信任、协同、合作及组织网络资源，是将个体凝结起来的有效介质。创客精神作为创客社会资本，能够将创客个体充分凝结起来，形成强大的具有行动能力的团体。创客强调 DIY 的过程，强调知识特性与创意转化。创客群体是基于共同的兴趣和爱好组成的，没有严格的组织行动刚性约束。本书关注和研究知识工作者的创新，是因为知识作为知识经济时代的一种全新的生产要素对现代生产产生了深远影响，而知识工作者是知识工作的主要承担者，提升知识工作者的工作效率，研究知识工作者的创新行为对经济的创新发展具有重要意义。知识工作者凭借自己掌握的知识与能力，对组织的依赖性明显低于普通员工，知识工作者对个人价值实现的强烈诉求和对组织依赖性较弱的特征往往会导致各自为政的局面出现，缺少集体行动能力和行动资源，从而影响创新行为和创新绩效。充分发挥创客精神对凝聚知识工作者个体和获取有效资源的作用对提升知识工作者的创新动力和效率，具有非常重要的意义。基于此，本书提出发挥社会资本特别是创客精神在凝结和动员知识工作者提升行动能力，强化行动资源方面的作用，用社会资本理论推演创客精神对知识工作者创新行为的影响机理。

（二）基于资源保存理论的工作重塑中介效应

按照本书前面关于 COR 理论的梳理和研究：拥有较多资源的人，往往不容易受到资源损失带来的攻击，反而更容易获得资源；拥有较少资源的人，往往更容易受到资源损失带来的影响，很难获得额外的资源，会进一步影响个体的心理状态和行为模式。按照 COR 理论，资源保护处于首要性的地位，个体要充分注重资源保护；个体应当努力创造和实现资源盈余，以此抵御将来可能产生的资源损失。

根据 COR 理论，聚焦本书的研究，本书将进一步深入研究工作重塑在创客精神与知识工作者创新行为之间的中介效应。

根据 COR 理论的初始资源效应推论，个体资源储备与其未来遭受资源损失的可能性和抵御资源损失的韧性密切相关，拥有较多初始资源的个体获取新资源的能力更强，遭受损失的可能性更低，而拥有较少初始资源的个体获取新资源的能力相对较弱，更容易遭受资源损失。创客群体长期以来凝聚形成的创客精神主要体现为一种具有工匠精神，乐于创新、分享，积极应对挑战，善于合作，不断交流与进取的积极向上的人生观、价值观与创业观。创客精神充分体现为实干、分享、创新、进取、挑战、合作的品质。根据 COR 理论的初始资源效应推论，本书认为创客精神构成了知识工作者的初始资源，而拥有较多初始资源的个体获取更多新资源的能力也越强，越能够通过工作重塑获取更多资源来完成相应的工作任务。

创客精神作为个体的初始资源主要体现在对个体自我效能感等积极的心理状态的提升，从而进一步提升个体的心理资本。温忠麟等（2005）认为，心理资本作为个体所具有的积极的心理状态，主要包括自我效能感、乐观的态度、希望和坚韧性等维度[174]，构成了个体的初始资源。现有研究表明，在心理资本的诸多维度中，自我效能感、乐观的态度等都会对个体产生积极的影响，能够促使个体提升自信，勇于挑战，充分发挥智慧和技能获取新的资源。创客精神越丰富的个体，其心理承担风险的能力越强，也具备较高勇气和自信进行工作重塑。因此，根据 COR 理论的初始资源效应推论，聚焦本书的研究，进一步推演创客精神对工作重塑影响的合理性。

根据 COR 理论中的资源获得螺旋推论进一步推演工作重塑对创新行为的影响机理。资源获得螺旋认为：最初的资源获得有益于进一步获得资源，只是这种资源获得螺旋式的发展相对比较缓慢。这是因为，处于资源获得过程中的个体（和组织）在资源投资方面更具优势，相较于资源损失，获得资源的力量和速度上均更弱一些，因此资源获得螺旋式的发展也相对比较缓慢。

基于 COR 理论，工作重塑是员工为了使自己的工作能力和工作要求相适应而主动做出的行为上的改变，是员工一种自发性的变革行为，能够正向影响员工的各种积极工作的成果。JD-R 模型为员工平衡工作需求和资源提供了一个分析的视角。基于工作重塑的理论，工作重塑的过程实际也就是员工个人准确认识和评估面临的工作现状，进一步争取资源的过程。

研究表明，工作重塑作为一种员工自发的变革行为，通过增加社会性工作资源、结构性工作资源和挑战性工作要求创造资源剩余。按照资源获得螺旋推论，这些资源的获得对个体而言实现了最初资源的获取和积累，有利于个体进一步获得资源，个体在资源投资方面更具有优势，容易采取更加积极的创新行为来获取更多资源。

创新活动具有低边际成本、固定成本较高的特征，企业的规模越大，往往占有或者获取的创新资源越多，越有利于降低企业创新的固定成本。对于个体而言，创新同样需要较高的固定成本。在个人的创新过程中，能够享有、运用和整合的初始资源越多，其创新固定成本也就越低，从而实施创新行为、形成创新成果的可能性也就越大。

本书认为，组织的社会资源主要指组织和员工面临的企业和组织的外部资源。通过工作重塑，更多地获取社会资源能够为基层知识工作者带来外部的知识和信息，使其进一步优化创新思维，提升创新思路，识别创新机会，实施创新行为，甚至产生创新产品；通过工作重塑，增加结构性工作资源则能够使知识工作者进一步自主整合工作任务，并使知识工作者将专业技能与工作需求更好地匹配，提高其对创新过程控制力的感知能力，进而增加其创新意愿，刺激其产生创新行为；通过工作重塑，还能增加挑战性的工作要求，提升知识工作者应对挑战的勇气和决心，调节职业倦怠行为，从而进一步激励其实施创新行为。因此，根据 COR 理论的资源获得螺旋推论，聚焦本书的研究，本书将进一步推演工作重塑对创新行为影响的合理性。

综上所述，根据 COR 理论的初始资源效应推论，拥有较多初始资源的个体获取新资源的能力越强，遭受资源损失的可能性也越低，作为个体的初始资源，拥有较强创客精神的个体越容易通过工作重塑获取新资源，这一推论验证了创客精神对工作重塑影响的合理性；根据 COR 理论的资源获得螺旋推论，最初获得的资源取得有利于进一步获得新资源，但这样一种资源获得螺旋式的发展相对比较缓慢。工作重塑能够平衡工作需求和工作资源，作为个体自发的最初的资源获得的行为，推动个体的资源整合，使得其有充分的实力进一步获取资源，加速资源获得螺旋式的发展，推动个体实施更多创新行为。综上所述，根据资源保存理论，聚焦本书的研究，本书进一步推演工作重塑在创客精神和创新行为之间中介作用的合理性。

（三）基于特质激活理论的上级发展性反馈调节效应

根据 TAT 理论，环境对特质的表达有重要的激活作用，如果存在与特质—情境相关联的线索，特质就容易被情境激活，个体行为就会被个人特质影响，个体行为与个人特质保持一致。反之，如果不存在情境与个体特质相关联的线索，则特质不容易被激活，个体行为会受情境的影响，个体行为与情境保持一致。依据 TAT 理论拓展的基于人格特质的工作绩效模型指出，任务层、社会层和组织层可以作为调节变量影响人格特质与组织行为之间的关系。

根据 TAT 理论提出的"情境维度说和特质激活评估模型"，周冉等（2011）指出，情境相关性对"特质—工作结果"具有调节作用，情境为个体特质表达提供相关线索。线索存在三种水平：常见于传统工作分析的日常工作的任务水平；关于上级、同事、下属和客户对员工的投入、交流和行为的需要和期望的群体水平；结构、政策及奖励性系统的反映组织特征的组织水平[175]。关于群体水平的情境相关性的研究表明，领导行为作为群体水平的情境线索，对工作结果的调节作用显著。领导行为可以刺激员工特质的表达，目标行为导向的领导，能够提高员工的绩效[176]；社会赞同性领导特质也能够起到积极的影响[177]；领导愿景能够为职责转换开放性和适应性行为间的关系，以及为员工的自我效能感和主动性行为提供特质激活的线索[178]。

本书认为，创客精神对于知识工作者个体而言构成了个体特质。基于初始资源效应的推论，创客精神对工作重塑具有积极作用。基于人格特质的工作绩效模型进一步指出，任务层、社会层和组织层作为调节变量，影响人格特质与组织行为之间的关系。其中，作为领导层面的线索"上级发展性反馈"为个体特质的表达提供了"群体水平的线索"，具有调节作用。具体而言，在强相关信息提供的环境下，即上级发展性反馈越强，知识工作者个体特质越容易被激活，此时个体的特质——创客精神对工作重塑的影响就更为明显和突出。同理可得，在弱相关信息提供的环境下，即上级发展性反馈水平偏弱，或没有明确的发展性的反馈信息，此时个体的特质就会减弱或者被"冻结"，此时个体的特质对个体行为的影响的功效会被抑制。因此，依据本书进一步推演上级发展性反馈在创客精神与工作重塑之间调节作用的合理性。

上级发展性反馈是一种上级对下属和员工的反馈输入，该反馈是改变员工对自身和对工作环境感知的重要的外部情境因素。上级发展性反馈对员工创新行为和创新绩效的影响的研究一直是近年来学者研究的热点，但鲜有研究能够解释清楚上级发展性反馈影响创新行为的内在机理。

不同于其他类型的反馈，发展性反馈具有导向性，倾向于向员工提供任务改善的相关信息，从而达到促进员工的成长和发展的目的。Guo（2014）认为，发展性反馈强调不控制员工，而是通过传递具有建设性的意见和建议启发员工进步和成长，激发员工的工作兴趣，提升其内部动机[179]。综合相关研究，本书认为上级发展性反馈具有以下三个重要特征：

第一，员工的上级是信息的直接来源。

第二，上级向下级传达的信息必须是有益、有价值的，能够帮助员工有效完善工作认知，增强自身能力，提升工作绩效。

第三，上级发展性反馈，一般仅客观描述员工的工作绩效完成情况并对员工未来的发展趋势和方向提供建议，因此不会强制要求员工必须完成规定目标。

知识工作者是一个特殊的群体，在知识经济时代对经济社会的创新发展有着非常重要的作用。知识工作者有鲜明的个性特征，同时面临复杂的经济形势和工作压力。鉴于知识工作的复杂性和知识工作者的特殊性，根据 TAT 理论，本书进一步提出：要充分重视和发挥上级发展性反馈对创客精神与工作重塑之间的调节作用，形成情境—特质一致的线索，为知识工作者特质的表达提供强线索，进一步激活知识工作者的特质。

特质激活理论认为，个体特质（如性格、动机、文化价值观）对个体行为的影响功效是基于情境而呈现的，个体特质能否有效作用于个体行为关键取决于情境能否提供"激活"个体特质的相关线索[24]。在本研究中，上级发展性反馈是知识工作者感知的重要情境，创客精神是个体的内在特质。根据 TAT 理论的观点，创客精神能否有效驱动或抑制个体行为（在本书即为工作重塑）取决于上级发展性反馈能否提供激活创客精神的线索。在某些特定知识情境中，个体文化倾向会被"激活"，其会对知识共享意愿产生更为显著的效应；在另一些知识情景中个体文化倾向则可能会被"冻结"，致使其对知识共享意愿的影响效用受损。简而言之，个体文化倾向与知识共享意愿间的关系会受到知识属性的调节作用。Zhou（2001）提出上级发展性反馈的概念，将其定义为"上级领导向下属员工提供的对其未来学习、发展和改进工作有用或有价值的信息"，这些积极的反馈和信息构成了激活下属内在精神的主动行为的积极的情境[52]。从总体而言，上级发展性反馈作为上级领导对下属的积极反馈，向下属传达了上级对自身关注且认可的积极的"信号"，故在上级领导的鼓励和激励下，具备高创客精神的知识工作者将更有动力进行工作重塑。从未来学习的角度看，上级发展性反馈释放出上级领导对知识工作者持续学习、自我提升、变革成长的期待。为了回应上级领导的期待，具备创客精神的知识工作者更可能通过工作重塑来平衡工作任务和资源的关系。采取积极主动的行为，通过自身的学习、提高来实现自我的成长和提升，主动创新和进取，实施更多的创新行为。从发展和改进工作的角度看，上级发展性反馈为员工的工作重塑指明了方向，有助于创客精神成功转化为现实的工作重塑。

综合上级发展性反馈的特征和知识工作者的特点，本书进一步提出上级发展性反馈在创客精神与工作重塑间具有调节作用，能够进一步强化知识工作者的工作重塑动力，激发员工通过工作重塑响应领导倡议的积极性，为知识工作者的工作重塑提供方向。

1. 上级发展性反馈强化了知识工作者的工作重塑动力

相较于传统的反馈，上级发展性反馈更加能够强化知识工作者的工作重塑动力。上级发展性反馈是管理者团队负责人代表团队给予下属有价值的信息并帮助其提升。Carmeli（2007）认为，上级发展性反馈是管理者水平和能力的体现，同时也是管理者所在团队和组织的价值观、组织文化和管理思路的表征。上级发展性反馈强调上级引导员工主动发展自我，给予其独立思考和行动的空间，暗含对员工自下而上把握工作本身和做出调整改变的鼓励[180]。Bakker（2012）认为，使工作更贴近个人需求和兴趣，不仅能充分缓解知识工作者的压力，降低其对工作重塑风险的担忧，还能有效激发知识工作者的自主性与积极获取资源的动机[181]，在激发知识工作者创新精神效力的同时，工作重塑的动力得到极大增强。

2. 上级发展性反馈激发了知识工作者通过工作重塑响应领导倡议的积极性

姚艳虹等（2014）认为，上级发展性反馈充分释放出领导"关注其未来发展"的积极信号，当知识工作者接收到上级的支持信号并感受到组织的鼓励时，在创客精神引领下，知识工作者会自愿为组织发展而努力工作，为实现领导的预期目标而积极进行工作重塑[182]。苏伟琳（2018）认为，上级发展性反馈增强了知识工作者对领导和团队的积极认知，向知识工作者释放"圈内人"的信号，深化了知识工作者与组织领导之间的认同感与向心力，使得知识工作者产生高度的内部人身份认知，在组织归属感的推动下，具有较强创客精神的知识工作者会更加积极进行工作重塑以"回报"上级发展性反馈，满足上级领导的预期[183]。

3. 上级发展性反馈为知识工作者的工作重塑提供方向

首先，上级发展性反馈能够被知识工作者视为在工作中的学习片段，知识工作者从上级发展性反馈获得的帮助超过其他类型的反馈[185]，知识工作者能通过上级发展性反馈获得专业领域相关的知识或技能等创造性认知资源，这些资源能启迪知识工作者产生创造性构想，为其进行工作重塑指明方向[186]。其次，上级发展性反馈具有远期导向，反馈的信息帮助知识工作者认识自身优势和工作挑战，为知识工作者进步提供多样化信息，使其眼光更长远，不拘泥于短期利益得失，让知识工作者以学习和进步的视角看待问题，并在创客精神推动下，引领知识工作者朝着能力提升与进步创新的方向进行工作重塑[186]。

二、创客精神与知识工作者创新行为关系研究变量界定

为了构建创客精神对知识工作者创新行为影响关系模型，本书首先对相关变量的概念进行明确界定，并分析各个变量的维度构成。按照本书前文的研究结论，创客精神、工作重塑、创新行为和上级发展性反馈是本研究的四个重要变量。其中，对创客精神从实践精神、创业精神、创新精神和共享精神四个方面进行界定。

（一）创客精神

依据本书的研究，创客究其实质就是那些对创意充满热情，有能力使用数字工具，乐于分享，善于协作，努力将创意变为现实的人。中国创客运动的发展，使得中国创客的内涵进一步丰富，中国情境下的创客特指具有创新理念并

依据创新理念进行自主创业的人。根据本书第三章的分析，在中国情境下，中国创客的精神内涵已经发生变化，创客精神的形成是数字时代创客群体价值共生的过程。基于中国典型创客案例的扎根分析，进一步揭示了创客精神的四个维度，即创新精神、共享精神、实践精神和创业精神。

（二）工作重塑

1. 工作重塑的概念

资源保存理论充分强调资源对于个体的重要性，认为人们在工作过程中积极地寻求工作任务与资源的平衡，总会积极地寻找、维持和构建他们所认为的重要和宝贵的资源，并努力创造资源，以提升其幸福感和安全感。Dam 等人（2008）提出，21 世纪以来，随着企业内部环境和外部环境的不断变化，企业被迫直面各类风险和竞争，为了适应暗流涌动的不确定性的环境，提高企业主动应对发展面临的不确定性的能力，企业要进行持续性的主动变革才能够生存下去，传统的运行方式和工作流程设计已经不能完全适应和满足组织和企业成长和发展的迫切需求[187]。现代企业所面临的创新型氛围和工作环境促进了员工自我意识的崛起和自我效能的提升，他们更倾向于对工作进行个性化订制和调整。基于以上研究本书认为，如何开展有效的工作重塑，进一步调动知识工作者工作的主动性，对于进一步激励知识工作者实施创新行为显得尤为重要。

工作重塑（Job Crafting，JC）的概念最早由 Kulik 等人（1987）提出，其主要理论观点是员工自发地进行工作重新设计，既有助于员工进一步增强与工作的拟合度，又会为企业带来正向的效应[188]。当前的关于工作重塑的相关研究主要分为两个方向，一个是以学者 Wrzeniewski 和 Dutton（2001）为代表的以内容为导向的研究[184]，另一个是以 Tims 和 Bakker（2010）为代表的基于"工作要求—资源"理论（也称为 Job Demand-Resource，JD-R 模型）[189]。

Wrzeniewski 和 Dutton（2001）的研究认为，工作重塑是一种员工自下而上的行为，主要体现为员工根据自我的特征和偏好积极参与工作中的改进和设计，实现对工作的再设计[184]。Hakane 等人（2008）认为，在传统的工作模式中，上级负责工作任务的设置、工作人员的选择和工作成效的评估，而在这个过程中，员工的参与度非常低，员工的主动优势在传统的工作流程和设计中并没有能被充分发挥[190]。当前，越来越多的学者开始关注员工参与工作设计的研究，注重其价值的发挥。Tims 和 Bakker（2010）将员工改变工作设计的具体行为作为研究重点，认为工作重塑是一种员工通过主动调整和改变自身工作内容或特点，并以此匹配自身的偏好和能力，实现提升个人与工作之间的契合程度的行为[189]。

学术界对工作重塑尚未形成统一的定义，但其核心范畴都是以员工自下而上自发地改变工作方法、工作方式及工作内容以实现其价值体现的主动行为。

通过对现有研究的总结和归纳，工作重塑具有三个鲜明的特征，即积极主动性、过程适应性、非物质回报[193]。此外，工作重塑的正向促进效应已经成为学术界的普遍共识，如助力员工进一步明确工作的意义[194]，提高员工的工作投入和倾向[195]，提升个人和工作之间的适配度[196]，影响员工创造性绩效，以及公民价值共创等[197]。虽然工作重塑的相关研究近年不断涌现，但大多数学者将视角集中于衡量工作投入与工作重塑的相关关系上，而对于工作重塑的发生机理和发生的前因条件的研究相对较为缺乏[198]。部分研究从需求理论出发，认为工作重塑的内部动机主要是个体的个性化的需求[199]，但对于员工在什么情境下会进行工作重塑，以及如何进行工作重塑的研究仍较少。

Ghitulescu（2007）基于 Wrzeniewski 和 Dutton（2001）的概念框架，从任务和关系的重构角度对工作重塑的概念进行了重新阐释[198]。Leana（2009）突破了原有主体的界限，界定了合作重塑，即在团队工作中，员工会借助协助共享的形式对工作内容进行重新设计，从而实现共同愿景[199]。

国外学者关于工作重塑的研究主要围绕 Wrzeniewski 和 Dutton、Tims 和 Bakker 的相关研究展开，他们关于工作重塑概念的研究均坚持认为工作重塑是一种员工自发提起的自下而上的工作设计方式，并强调工作重塑是员工出于自身的兴趣、能力，对工作进行积极重构的主动性行为。

2. 工作重塑的维度

Wrzesniewski 和 Dutton（2001）根据工作内容将工作重塑分为三个维度，即任务重塑、关系重塑和认知重塑[184]。任务重塑一般指员工工作范围及类型的调整，以及工作的数量改变，在实际工作中表现为增加或减少任务量，扩大或缩小任务范围，以及改变完成任务的方式与方法等；关系重塑主要指在工作过程中员工与他人交往和沟通的变化；认知重塑主要指员工工作的态度和认知的改变，员工在一定的高度主动思考自己所面临的工作，而不是疏离工作。基于工作内容的划分方法为工作重塑的一系列研究奠定了基础。Tims 和 Bakker（2010）基于工作任务和资源的视角，将工作重塑划分为四个维度：增加结构性工作资源，包括努力寻找职业发展机会，拓展工作主动权，寻找更多有利于帮助其完成任务的其他工作资源等；增加社会性工作资源，主要包含寻求领导支持，获得组织其他成员的帮助等；增加挑战性工作要求，主要涵盖主动要求增加工作的数量，提升工作难度和复杂程度等；减少妨碍性工作要求，主要指减少和规避一切对工作产生不利影响的因素[189]。

我国学者也在国外学者研究的基础上，结合中国实际提出了工作重塑的不同维度。高红梅等（2016）提出了针对高校教师工作重塑的四个典型维度，包括任务、关系、认知、角色四个方面[200]。表 4-1 整理了国外学者研究中比较典型的工作重塑维度的划分方法。

表 4-1　工作重塑不同维度区分统计

代表学者及年份	维度	内容
Wizesniewski 和 Dutton（2001）	三个	认知重塑：员工树立了对工作全新的认知和了解，不再将简单的工作作为机械的重复劳动； 任务重塑：员工不再拘泥于现有的任务量和工作模式，努力改变工作任务的边界； 关系重塑：员工改变了工作中的人际交往对象与交往性质
Berg、Duttton 和 Wizesniewski（2010）	三个	任务强调：在特定的和具体的工作任务上配置更多的资源； 工作扩充：工作内容的增加与工作范围的拓展； 角色再造：与工作之间形成更切合的角色扮演
Tims 和 Bakker（2010）	三个	增加工作要求：完成自己本职工作以外的事情，充分发挥自己的才能； 减少工作要求：合理调整工作任务，避免过重的工作负荷，使个人有良好的工作状态； 增加工作资源：整合更多的工作资源来实现工作目标
Tims、Bakker 和 Derks（2012）	四个	增加结构性工作资源：包括努力寻找职业发展机会，拓展工作主动权，寻找更多的有利于帮助其完成任务的其他工作资源等； 增加社会性工作资源：寻求领导支持，争取组织其他成员的帮助等； 增加挑战性工作要求：主动要求增加工作的数量，提升工作难度和复杂程度等； 减少妨碍性工作要求：减少和规避一切对工作产生不利影响的因素

学者们围绕两种划分方式，对工作重塑进行了维度划分与测量，以及其他相关研究。第一，在维度方面，当前学界普遍采取的是 Wrzesniewski 和 Dutton 提出的三维结构、Tims 等人提出来的四维结构。第二，在测量方面，Slemp 等人提出来的三维量表和 Tims 等人提出的四维量表都是比较具有代表性的，相比较而言，四维量表具有跨文化稳定性及使用广泛性且信度较好等特性。为了探寻创客精神对知识工作者创新行为的影响，综合上述研究结果，本书将从增加结构性的工作资源、增加社会性的工作资源、增加挑战性的工作要求、减少妨碍性的工作要求四个方面对工作重塑进行划分。

（三）知识工作者创新行为

本书对创新行为相关理论已经进行了系统的梳理和研究。根据本书前面的研究，创新行为一般包括两个阶段，即创新想法的产生和想法的执行。当前，中国经济进入新发展阶段，创新创业已经成为中国经济社会发展的新引擎，以技术创新实现快速发展的新兴产业也屡见不鲜。大量创新企业的出现和发展，也带来了新的社会就业渠道，逐渐形成了创业型经济。创业型经济不同于管理型经济，其区别就在于创新和创业成为经济增长的主要驱动力。创新和创业的新发展要求对企业的创新和发展提出了新要求。坚持技术创新和商业模式创新并举，既重视技术创新带来的产品优势，又重视商业创新带来的优秀的商业模式，企业才能够从充满竞争力的市场中生存下来。

企业发展的实践也对知识工作者的创新行为提出了新的要求，创新想法的产生和创新想法的执行作为创新行为的基础要求，已经完成了迭代。创业型经济要求知识工作者充分关注用户的需求，注重从消费者的需求开始展开想象，产生新的想法；想法的执行阶段主要包括运用想象力围绕用户需求进行创造，用独创力来开发独特的解决方案以推动创新，运用创新的方法将观点落实，并完成创业，具体如图 4-1 所示。

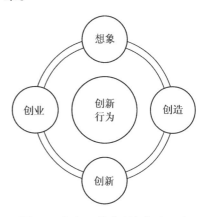

图 4-1　知识工作者创新行为示意

综合知识工作者创新行为的相关研究，本书进一步指出，知识工作者的创新行为是指发现问题，通过想象产生新想法，再到将想法付诸实践的过程。主要包括：想象的过程，即运用想象力应对新要求和挑战，形成新的构念和想法的过程；创新的过程，即运用创造力开发独特的有针对性的问题解决方案；创业的过程，这里的创业过程指的是创新过程的升级，是具体围绕应用实现创新，以及产生用户和顾客群体的过程。

（四）上级发展性反馈

上级发展性反馈指上级提供对员工学习、工作及发展有帮助或有价值的信息[203]。美国学者 Ilgen 等人（1979）对反馈心理进行了系统的研究，形成了著名的反馈心理模型，领导作为反馈源发出信息后，员工作为信息接收者会进行反馈[202]。而在员工反馈的过程中，反馈源（上级领导）、反馈信息、组织环境及员工自身特征会共同发生作用，进而促进员工做出反应。Kluger 和 Denisi（1996）提出了反馈干预模型，即将反馈作为一种外在影响和干预的机制和方法，主体借助反馈干预，主动通过任务动机、个体资源感知和任务学习三种途径驱动和提升绩效[203]。Steelman 等人（2004）进一步提出了反馈环境的概念，反馈环境由主管领导和同事共同组成，这两个因素又都由来源可靠性、反馈质量、反馈形式、正反馈精准度、负反馈精准度、反馈寻求支持、反馈源可得性等七个因素组成[204]。对于接受反馈的员工而言，当其接收到反馈源的反馈信息后，员工首先会产生一个对反馈信息的认知与构建的瞬间的心理反应。另外，复杂的反馈能够进一步激发接受反馈的员工的内在动因，从而影响其行为与绩效表现。

依据现有的研究和理论，上级发展性反馈能够使得接受反馈的员工产生相应的行为与绩效表现，有三个典型的特征：第一，反馈的信息是有意义和价值的。第二，反馈没有强制性，给予员工充分自主权。第三，反馈是具体的。上级发展性反馈影响员工未来的行为结果，不同于一般的反馈，上级发展性反馈不会给员工带来刚性的约束性压力，而会给员工带来轻松和自主的氛围。

上级发展性反馈充分体现了西方的管理艺术。在西方的组织和企业中，上级常常会非常明确地表达反馈信息来评价员工或下属的工作行为和绩效。中国的语境文化是典型的高语境文化，表达观点的形式和语言往往较为含蓄。在中国语境中，"上级很少直截了当地提供明确的正反馈或者负反馈"[205]。因此，本书进一步指出，中国企业要积极关注本土文化情境下上级发展性反馈对知识工作者创新行为的提升路径和效果，充分重视上级发展性反馈的调节作用。

Alvero 等人（2001）指出，运用反馈改善绩效的方式可以追溯到 20 世纪 70 年代[206]。Ilgen（1979）最早提出了经典的反馈模型，他将反馈定义为一般的通信过程，并进一步指出，反馈是通信过程的一种特殊情况，从反馈源发出的信息会影响接收方的行为和绩效情况[202]。完整的反馈由反馈源（Source）、反馈内容（Message）和反馈接收者（Recipient）组成。

上级发展性反馈最早由 Zhou（2003）提出，是指上级向下属提供能有助于下属在工作方面学习、发展和提高的有价值信息。上级发展性反馈主要有以下三点特征：

第一，上级作为反馈源。第二，反馈内容具有发展性特征，有助于下属未来的发展与学习。第三，属于信息型反馈，主要描述与下属未来工作有关的信息[201]。

上级发展性反馈与绩效反馈的区别在于上级发展性反馈不过于强调绩效目标的实现，而是为员工提供相对自主和轻松的环境，注重自身的学习和发展，通过引导员工融入工作进而增强员工的工作积极性。Joo 等人（2012）认为，上级发展性反馈向下属传递一种"能力是可以通过自身努力而提高的"的观念，下属将其视作一种重要的社会线索，并且根据该线索进一步确定如何发展自己的能力以提升竞争力[207]。按照本书对 TAT 理论的研究，上级发展性反馈在创客精神与工作重塑之间有调节作用。

三、创客精神与知识工作者创新行为的关系框架

本研究关注的研究主题主要有三个方面：第一，社会资本视角下，创客精神对知识工作者创新行为的促进机制，即创客精神作为一种社会资本如何激发知识工作者实施更多的创新行为；第二，按照 COR 理论，工作重塑在创客精神与知识工作者创新行为之间的中介作用；第三，按照 TAT 理论的指导，上级发展性反馈在创客精神与工作重塑之间的调节效应。具体可细化为：在不同的工作情境中，创客精神对知识工作者创新行为的作用。

本书在回顾和梳理国内外文献的基础上，提出了创客精神与知识工作者创新行为关系模型的基础研究框架模型，整个研究由自变量即创客精神（创新精神、创业精神、实践精神、共享精神），中介变量即工作重塑，调节变量即上级发展性反馈，因变量即员工创新行为四类变量和相应的路径构成。

创客精神是创客群体体现出的积极创新、勇于创业、勤于实践、善于分享的精神，对知识工作者提出了更高的要求。知识工作者在通过重塑工作资源和工作要求的过程中完成自我调节，其面临的工作环境也得到了相应的改善，工作资源和工作要求的匹配度也得到提升，工作满意度也随之不断提升，知识工作者对工作的认知、情感及精力的投入程度也会受到积极的影响，从而激发知识工作者实施创新行为。具体而言，工作重塑可以帮助知识工作者更好地获取资源，实现资源的剩余，提升知识工作者的幸福感。工作重塑还是知识工作者在创客创新精神、共享精神的影响下，在实践和创业的过程中，利用已有资源，努力达到获取更多资源的目标，并促使知识工作者产生积极的心理状态和工作行为，从而实施创新行为。工作重塑还能够有效改善知识工作者的社会关系、提升个人能力，知识工作者通过工作资源与工作要求的相互匹配，可以获得一个更加有利于其优势发挥的工作环境和氛围，其工作心态也会变得更加积极、乐观和开放，更加愿意实施创新行为，推动工作创新。工作重塑对提升知识工作者心理资本有积极的作用，同时还对知识工作者从事工作创新所需的资源获取方面有促进作用。综上所述，工作重塑在创客精神与创新行为之间起到中介作用。上级发展性反馈作为领导层面的线索为个体特质的表达提供了"群体水平的线索"，具有调节作用。具体而言，在强相关信息提供的环境下，即上级发展性反馈越强，知识工作者个体的特质越容易被激活，此时个体的特质——创客精神对工作重塑的影响就更为明显和突出。同理可得，在弱相关信息提供的环境下，即上级发展性反馈水平偏弱，或没有明确的发展性的反馈信息，此时个体的特质就会减弱或者"冻结"，此时个体的特质对个体行为的影响的功效受到抑制。因此上级发展性反馈在创客精神与工作重塑之间具有调节作用。

本书认为，创客精神可以通过上级发展性反馈促进工作重塑支持，进而激励知识工作者实施创新行为。知识工作者在创客精神的渗透下会不自觉展现出创新精神、创业精神、实践精神及共享精神，并且通过上级发展性反馈促使自身采取一系列主动性的工作重塑行为去平衡工作资源与要求，进而确保其创新活动的顺利开展，激励知识工作者实施创新行为。创客精神与知识工作者创新行为关系框架模型见图4-2。在后续的章节中，本书将逐一详细地描述各概念和变量之间的逻辑关系，并提出相应的研究假设。

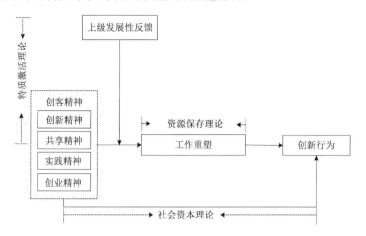

图 4-2　创客精神与知识工作者创新行为关系框架模型

四、创客精神对知识工作者创新行为影响关系假设

（一）创客精神与知识工作者创新行为的关系

按照前文对创客精神的划分，本书将从创新精神、共享精神、实践精神、创业精神四个方面分别提出创客精神对知识工作者创新行为支持的关系假设。

创客精神是指在自由的环境下，以创客为主体，以创新为核心，乐于共享、勤于实践的品质。创新行为是从发现问题，到产生新想法，再到将想法付诸实践的过程。创新行为是指员工通过理性地分析和细致地观察发现生产和工作中存在的问题，然后有效整合和利用资源进行创新构思，最终实施创造性应用与创新性开发活动的过程的总和。创造性成分理论指出，个体的内在创新动机会积极影响个体的创新活动[208]。从本研究的情境推演，创客精神作为知识工作者内在动机的一种形式，也必然会积极影响知识工作者的创新行为。

具体而言，创新精神是指能够综合运用现有的知识与技能，提出新方法、新观点的思维能力和进行发明创造与革新的品质。创新精神是知识工作者内在的一种积极的工作情感和状态，当知识工作者在工作中表现出其创新精神时，自然而然会通过其表情、语言与行动上体现出来[209]，知识工作者会不自觉地实施创新行为[210]。

共享精神是指知识工作者在创新的过程中愿意与外部共享自己的知识和技术，乐于帮助别人。知识对企业来说至关重要，共享精神在企业创新活动中也越来越凸显其价值。知识工作者在工作的过程中可以与同事交流经验，分享心得，促进知识在企业内部的共享与传递，为知识工作者开展创新活动提供知识来源[211]。因此，共享精神对知识工作者创新行为有重要作用[212]。

实践精神是指创客通过行动让自己的创意成为现实。知识工作者的实践具有社会性，是人们改造和探索现实世界的一切实际探索行动。知识工作者在工作中不断培养实践的能力和精神，并在实践过程中敢于大胆突破陈规、探索尝试、发现问题，对现有事物进行思考批判，才能将理论联系实际，不断积累知识和经验，更好地提升自我、发展自我，进而有效推动创新行为的展现[215][216]。

创业精神是指创业者为适应环境的急剧变化与不确定性，创造性和创新性地整合各种资源，从而实现组织变革与组织创新，最终实现创业目标与创业绩效。在已有研究中，多数学者认为创业精神是一个寻求机会、创造价值和谋求增值的过程，强调通过个人或团体的努力，以创新和独特的方式达到创业的目的[217]。从该定义中我们显然可以发现，创业精神隐含的是一种创新行为，知识型员工创业的过程，实际上也是知识工作者创新行为的涵盖范围[218]。

基于上述分析，本研究提出如下假设：

H1：创新精神对知识工作者创新行为有积极的影响。

H2：共享精神对知识工作者创新行为有积极的影响。

H3：实践精神对知识工作者创新行为有积极的影响。

H4：创业精神对知识工作者创新行为有积极的影响。

（二）工作重塑的中介作用

1. 创客精神与工作重塑

创客精神构成了个体的初始资源，按照 COR 理论的初始资源效应推论，拥有较多初始资源的个体获取新资源的能力更强。具有创客精神的人会激发大量的知识资源需求，受知识资源需求的影响，知识工作者通过在外部获取资源满足工作的要求和前进需求。这种创客精神也能够反映知识工作者的创新意愿，利用和开发现有的资源，有效促进其增加结构性工作资源和社会性工作资源[216]。与此同时，对于具有创客精神的知识工作者来说，创客精神可以推动其承担更多挑战性任务及技术能力的获得，比如市场营销能力。因此，知识工作者的创客精神能够激发员工的资源需求和突破自我，进而促进员工的工作重塑[217]。

　　具体而言，创新精神意味着知识工作者愿意进行新的突破，这种突破也意味着达成新的挑战性工作要求，尽管这种挑战性工作要求在当时的状况下并不清晰。内心创新动机强的人更有可能进行广泛的工作重塑活动，以实现自己对控制感和胜任感的追求。个体如果不具有创新精神，就意味着缺乏创新驱动。个体如果不具有强烈的工作胜任感和获取资源的想法，就不会主动地进行工作重塑。在这个资源获取和机会开发的过程中，创新精神能够为工作重塑提供方向和战略指导[218]。

　　共享精神可有效避免企业中出现的重复劳动现象，还可以最大限度地实现企业中的员工之间资源的互通和共享。当知识工作者开始启动一项新的工作时，这一过程充满困难和不确定性，就需要花费时间和精力去了解，不清楚最基本的流程。当拥有分享精神的员工聚集在一起时，可以互相分享各自的经验与教训，从而避免重复劳动，使员工集中精力去提高技能与获取资源，为企业创造出有价值的成果[220]，具有共享精神的知识型员工也因此会采取更多的工作重塑行为。

　　实践精神可以促进知识工作者积极进行工作重塑。由于企业拥有的内部资源是有限的，而具有实践精神的知识工作者会先于他人主动地寻找各种内部资源，并且更能抓住机会，找到与自己工作任务相匹配的资源。实践精神能够促使知识工作者抓住潜在的机会，对于工作任务中的问题迅速地做出反应，采取相应的行动和措施[223]。另外，实践精神能够促进员工的获得资源进一步应用于工作任务在设计的过程当中，促使员工精神工作重塑活动。

　　创业精神的特质导致知识工作者进行更多的工作重塑，因为具有创业精神的人更善于抓住机会，会以更快的行动开展工作，而不是等待和考虑。具有创业精神的知识工作者能更主动地利用现有知识来发现工作中的问题，通过新颖的创新进行工作任务再设计。也就是说，具有创业精神的知识工作者更具备发现问题和解决问题的能力，并以积极的工作重塑应对问题和解决问题[224]。

　　基于上述分析，本研究提出如下假设：

　　H5：创新精神对工作重塑有积极的影响。

　　H6：共享精神对工作重塑有积极的影响。

　　H7：实践精神对工作重塑有积极的影响。

　　H8：创业精神对工作重塑有积极的影响。

　　2. 工作重塑与知识工作者创新行为之间的中介作用

　　工作重塑是指员工为了平衡工作要求和资源，根据自身能力与偏好所实施的一系列主动性行为。员工的创新行为是从发现问题，到产生新想法，再到把想法付诸实践的过程。生涯构建理论认为，个体职业生涯是需要其发挥能动性积极发展和构建的，个体为了适应动态环境所采取的一系列主动性行为往往能推动其职业生涯的成功[223]。从本研究的情境推演，工作重塑是一种基于自身发展需要而对工作进行重新建构的一种积极的主动性行为，实际上是其基于自身的条件适应动态环境的行为。创新行为作为员工在其职业生涯过程中逐渐积累而来的成就，可以看作员工在进行一系列适应行为后所产生的积极结果。具备高水平工作重塑能力的知识工作者会主动提升自己的工作能力，从而使自身具备更强的工作能力，更容易适应工作环境，产生更多的资源，提升安全感、幸福感和心理效能，也更具有创造性。

具体而言，第一，员工需要增强结构性工作资源。例如：员工能熟悉业务并且掌握有利于自身发展的新技巧来提高自身能力、提升资源多样性等，为员工的创新行为奠定了强有力的基础。第二，员工可以增加社会性工作资源。例如：主动寻求社会各方面的协助与支持，努力听取和收集来自上级的反馈等，在这一过程中员工拓展了交际范围，提升了交际质量，能够获取更多的资源，激励知识型员工实施创新行为。第三，员工可以增加挑战性工作资源，员工个体在自身资源允许的条件下，主动拓展任务范围和探索更多挑战性的工作机会等，员工可以进一步挖掘自身的潜能，不断突破自我，灵活运用各种资源进行创新活动[224]。第四，员工可以减少妨碍性工作要求，如优化需要消耗大量时间的工作任务、减少影响自身优势发挥的心理压力等，有助于自己应对外在压力与不适，调节并掌控自己的情绪，为创新建立了安全的环境屏障[225]。

基于上述分析，本研究提出如下假设：

H9：工作重塑对知识工作者创新行为有积极的影响。

3. 工作重塑在创客精神与知识工作者创新行为之间的中介作用

在进行了上述探究之后，可推测工作重塑、创客精神、知识工作者创新行为间存在一种内在联系。创客精神会影响个体的工作重塑水平，而工作重塑会作用于员工创新行为。从自我决定理论的角度来说，个体是在对个人需要和环境信息有充分认识的基础上对自己的认知状态和行为选择做出决定。具体来说，员工创新精神越高，其内心创新动机就越强烈，这类员工会主动迎接具有较高挑战性的工作，并尽全力达到工作要求，进行工作重塑活动，从而获得成就感及胜任感[226]。共享精神维度得分越高的员工，在与其他员工分享的过程中能够获得较多的经验与教训，避免一些不必要的错误和重复劳动，从而集中精力提升工作技能，有效提升自身的工作重塑[227]。实践精神维度得分越高的员工，获取资源的主动性越强，能够先于他人对工作任务中的问题做出反应，对工作任务再设计，从而促进自身的工作重塑[228]。创业精神维度得分越高的员工，会更加主动地利用现有知识对工作任务进行创新的设计，从而更有效地促进工作重塑[229]。通过工作重塑，知识工作者会主动提升自己的工作能力，从而使自身具备更强的工作能力，更容易适应工作环境，也会实施更多的创造性行为。

基于上述分析，本研究提出如下假设：

H10：工作重塑在创新精神与知识工作者创新行为之间起到中介作用。

H11：工作重塑在共享精神与知识工作者创新行为之间起到中介作用。

H12：工作重塑在实践精神与知识工作者创新行为之间起到中介作用。

H13：工作重塑在创业精神与知识工作者创新行为之间起到中介作用。

（三）上级发展性反馈的调节作用

依据资源保存理论，拥有较多资源的个体不易遭受资源损失并更有能力获得资源[230]。因此，有必要关注员工在组织情境下获取的工作资源，探究工作资源对创客精神和工作重塑关系的边界作用。上级发展性反馈作为上级提供给员工的一种工作资源，能够对员工的工作行为和表现产生影响。

TAT 理论指出，情境对特质的表达有重要的激活作用，若存在个体特质与情境相关的线索，个体特质就容易被情境激活，个体行为就会更多受到个体特质的影响，与个体特质保持一致性；反之，若不存在情境与个体特质相关的线索，则个体特质就不容易被激活，个体行为受情境的影响，个体行为与情境保持一致。

上级发展性反馈作为领导肯定与鼓励下属的积极行为，对下属的特质表达有重要的激活作用，具体体现为上级提供对下属工作与学习有用的信息和支持，进一步提升下属的工作激情与动力。依据 COR 理论，拥有较多资源的个体不易受到资源损失的攻击并且更有能力获取更多资源。当上级发展性反馈较高时，具备创新精神的员工会与上级领导产生认同感，拥有一致的奋斗目标，从而降低工作重塑的风险，进而提升创客精神对工作重塑的影响效果[231]。相反，当上级发展性反馈较低时，知识工作者缺乏上级对自己的认同感，创新的意愿会大大降低，从而工作重塑无法正常开展，故此时创新精神对工作重塑的促进效果会大打折扣[232]。

当上级发展性反馈较高时，具备共享精神的员工能获得更多的有效资源，比如增加了结构性和社会性资源，自然而然会有助于开展工作重塑活动，由此提升共享精神对工作重塑的影响效果[233]。相反，当上级发展性反馈较低时，知识型员工获得的有效资源减少，工作重塑所需的资源匮乏，故此时共享精神对工作重塑的促进效果会大打折扣[234]。

依据社会交换理论提出的互惠互利原则，当一方给予资源或机会时，另一方也会用自己的形式回馈给对方。当上级发展性反馈较高时，具备实践精神的员工会竭尽全力将良好的工作表现和绩效回馈给上级，从而知识工作者会通过工作重塑调整自己的工作状态，由此提升实践精神对工作重塑的影响效果[235]。相反，当上级发展性反馈较低时，知识工作者想要用良好的表现回馈给兴致不高的上级，也会大大降低工作重塑的行为，从而使工作重塑活动无法正常开展，故此时实践精神对工作重塑的促进效果会大打折扣[236]。

当上级发展性反馈较高时，知识工作者受到上级的鼓励，自身的创业精神更强，会主动学习职业技能，拓展自己的社交圈，有效促进其工作重塑行为，进而提升创业精神对工作重塑的影响效果[237]。相反，当上级发展性反馈较低时，知识工作者单单凭着自己内心对于创业的一腔热血，但缺乏与上级的认同感，有可能导致知识型工作者的工作重塑方向与组织战略方向不符，产生适得其反的效用，故此时创业精神对工作重塑的促进效果会大打折扣[238]。

基于上述分析，本研究提出如下假设：

H14：上级发展性反馈正向调节创新精神与工作重塑的正向关系，即当上级发展性反馈越强时，创新精神对工作重塑的影响越强。

H15：上级发展性反馈正向调节共享精神与工作重塑的正向关系，即当上级发展性反馈越强时，共享精神对工作重塑的影响越强。

H16：上级发展性反馈正向调节实践精神与工作重塑的正向关系，即当上级发展性反馈越强时，实践精神对工作重塑的影响越强。

H17：上级发展性反馈正向调节创业精神与工作重塑的正向关系，即当上级发展性反馈越强时，创业精神对工作重塑的影响越强。

综合前文提出的假设关系，笔者对知识型员工创客精神对员工创新行为影响关系假设研究共提出 17 条假设，如表 4-2 所示。据此构建出创新精神、共享精神、实践精神、创业精神、工作重塑、上级发展性反馈和知识工作者创新行为之间研究假设，如图 4-3 所示。

表 4-2　本研究假设汇总

编号	假设内容
1	H1：创新精神对知识工作者创新行为有积极的影响
2	H2：共享精神对知识工作者创新行为有积极的影响
3	H3：实践精神对知识工作者创新行为有积极的影响
4	H4：创业精神对知识工作者创新行为有积极的影响
5	H5：创新精神对工作重塑有积极的影响
6	H6：共享精神对工作重塑有积极的影响

续表

编号	假设内容
7	H7：实践精神对工作重塑有积极的影响
8	H8：创业精神对工作重塑有积极的影响
9	H9：工作重塑对知识工作者创新行为有积极的影响
10	H10：工作重塑在创新精神与知识工作者创新行为之间起到中介作用
11	H11：工作重塑在共享精神与知识工作者创新行为之间起到中介作用
12	H12：工作重塑在实践精神与知识工作者创新行为之间起到中介作用
13	H13：工作重塑在创业精神与知识工作者创新行为之间起到中介作用
14	H14：上级发展性反馈正向调节创新精神与工作重塑的正向关系，即当上级发展性反馈越强时，创新精神对工作重塑的影响越强
15	H15：上级发展性反馈正向调节共享精神与工作重塑的正向关系，即当上级发展性反馈越强时，共享精神对工作重塑的影响越强
16	H16：上级发展性反馈正向调节实践精神与工作重塑的正向关系，即当上级发展性反馈越强时，实践精神对工作重塑的影响越强
17	H17：上级发展性反馈正向调节创业精神与工作重塑的正向关系，即当上级发展性反馈越强时，创业精神对工作重塑的影响越强

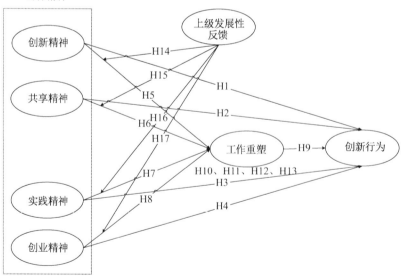

图 4-3 创客精神与知识工作者创新行为关系变量间假设关系

本章指出，创客精神作为一种社会资本对创客的创新行为具有深远的影响，并提出了社会资本对知识工作者创新行为和创新绩效促进和提升的机理；本章还重点探讨了 COR 理论和 TAT 理论。依据 COR 理论及 COR 理论中的初始资源效应推论和资源获得螺旋推论，进而提出工作重塑在创客精神和知识工作者创新行为之间的中介效应；依据特质激活理论推演上级发展性反馈在促进知识工作者特质激活中的调节作用。

本章在深入研究相关理论的基础上，构建了本书研究的基础理论框架，即以社会资本理论为基础的创客精神与知识工作者创新行为关系的总体研究和分析框架；以 COR 理论为支撑，工作重塑在创客精神与知识工作者创新行为关系之间的中介作用分析框架；以 TAT 理论为支撑，上级发展性反馈在创客精神与工作重塑之间的调节机制分析框架。

本章还研究了资源及其相关变量，指出工作重塑作为个体为了平衡工作要求和资源所实施的一系列主动行为，能够通过自身所作所为进一步对创新行为产生影响。本章还阐述了上级发展性反馈的变量，上级发展性反馈一般被当作对外部知识工作者个体产生作用的因素，这种因素会对员工的工作重塑行为进行适当调节，进而对创新行为产生影响。依据相关关系的分析和各变量的构成，本章构建了创客精神与知识工作者创新行为的关系模型，并提出了 17 条研究假设，为后续进行实证分析奠定了基础。

五、本章小结

本章深入梳理和研究了本研究理论基础，并依据理论构建了创客精神与知识工作者创新行为关系分析的模型。本章通过研究社会资本理论、COR 理论和 TAT 理论，进一步揭示了基于社会资本理论的创客精神的生成机制及其对创新行为的影响作用。社会资本的产生建立在社会网络的基础上，构建了一种社会内部的信任、网络与规范。创客精神是长期以来创客在从事以创新为代表的创客运动的过程中通过价值共生形成的内部信任与规范。本书以社会资本理论为指导，进一步推导创客精神与创新行为的关系。本书依据 COR 理论及其推论，进一步推演工作重塑在创客精神与知识工作者创新行为之间的中介关系。依据 TAT 理论，进一步推演上级发展性反馈在创客精神与工作重塑之间的调节关系。

第五章 创客精神与知识工作者创新行为关系研究设计与方法

在本书第四章提出的创客精神与知识工作者创新行为的关系模型与研究假设基础上,本章拟采用问卷调查法对模型进行着重检验。本章主要包括两部分:第一部分是对调查问卷的设计、调查对象的选取、数据收集过程等的分析;第二部分包括模型中创客精神、工作重塑、上级发展性反馈、创新行为及控制变量等变量测量量表的选取,从而为后续的数据分析与假设检验提供支持。

一、问卷设计

(一) 问卷设计原则

调查问卷是定量研究的重要工作,是研究相关群体的态度、认知及行为的重要度量工具。调查问卷通常由一系列与研究内容和假设相关的题目构成,是开展因果性研究及描述性研究非常重要的测量工作。本研究的主要研究变量属于知识型员工的思想认知、行为特征等领域的概念,适合使用调查问卷的研究范式,可以通过设置相关题项来测量和收集研究对象的数据,在收集数据的基础上开展深入和系统的定量分析,进一步验证和解释研究提出的研究假设。为了保证本研究定量分析的结果可靠和有效,本研究问卷的设计和制定需要遵循以下四个原则:

1. 简洁明了原则

调查问卷的设计应始终坚持明确、精练、准确的基本原则,问卷的题项数目力求在满足研究要求的情况下尽可能做到精确和简练。这一原则有利于被测试者的理解问题、回答问题,从而可以减少问卷调查的主观性误差。

2. 题项科学原则

在设计调查问卷调查的题项时,应在充分阅读相关文献的基础上,始终坚持科学地设计题项,避免将带有倾向性、过于主观或未经确认的内容作为假设前提，尽量采用客观、中立的表述方式设置题项。

3. 完备和互斥原则

在设计调查问卷时，问卷的题项应包含所有可选的范围，题项间不能存在重叠、模糊的交叉内容。设置题项答案时要考虑被调查者无法回答的情况，合理地设置题项答案。

4. 题序合理原则

在安排调查问卷的题目时，应注重题序合理的原则，应依据从易到难的原则、从一般到复杂的顺序，这样的题序更符合答题者的心理预期，可以提升调查的效果。

（二）问卷设计过程

为了保证问卷中题项数据的准确可靠，本书的调查问卷设计分为三个步骤：

1. 确定测量变量的初始题项

"沿用现有量表"是大部分研究者进行问卷调查普遍采用的方法。使用现有量表可以保证研究数据具有较高的信度和效度，减少数据采集的风险，也有助于提高数据分析的可信度。鉴于此，本书通过回顾有关创客精神、工作重塑、上级发展性反馈及员工创新行为等已有的文献，筛选出符合本研究设计和主题，参考已被验证的、具有较高信度和效度的变量量表，设置问卷的最初测试的题项。

2. 专家咨询讨论

由于现有量表大多源于西方学者的研究，量表及量表题项的表述不可避免地存在"文化差异性"和"语言差异性"等不足。因此，为了确保测量题项的适用性，本书在完成初测题项的设置后，邀请多位专家从"测量题项的表达准确性、清晰性和简洁性""测量题项与变量的相关性"和"测量题项反映变量的全面性"三个方面对形成的初始问卷题项进行评审，评价初始问卷的测量量表是否能够有效反映各研究变量的概念，并根据专家的反馈意见对初始测量量表进行进一步修正。

3. 问卷的预测试与确定

为了保证问卷的有效性，在完成问卷调查的修改后，本研究选取小范围的被测试者进行预先测试，依照被测试者的预测结果和反馈意见对问卷进行进一步修改，从而保证问卷的质量，并完成最终的调研问卷。问卷具体形成过程见图 5-1。

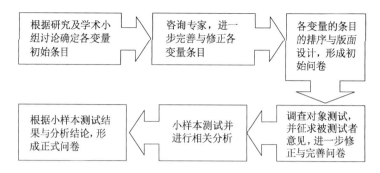

图 5-1 正式调查问卷形成过程

（三）问卷的表达形式

根据研究需要和研究规范，本研究设计的调查问卷分为封面信、指导语、题项、答案及编码信息等相关内容。封面信主要是要根据研究的设计向被调查者阐明问卷调查的目的，解释调查问卷的基本内容，并说明答卷的基本要求。通过封面信的内容告知被调查者调查的初衷，并取得被调查对象理解和支持，初步建立调查对象的信任；指导语部分主要是向被调查者进一步解释问卷中涉及的稍复杂的疑难内容，同时介绍调查问卷的填写方法；题项和答案是调查问卷的主体部分，主要涉及被调查者的基本特征统计、度量研究涉及的各研究变量的题项和答案；问卷编码信息是为了方便后期对数据的处理和分析，提高数据整理和分析的效率和准确率。

问卷的主体部分基于本研究前面提出的研究关系模型假设，设置了多个封闭式的题项，用于收集被调查者对创客精神认知态度性问题和创新行为层面的相关问题数据。这些封闭式问题主要分知识型工作者的认知态度性问题、事实性问题和人口统计学特征问题三个部分内容。

1. 认知态度性问题

这部分题项主要依据本书对创客精神的研究、知识工作者工作重塑、上级发展性反馈的相关研究，重点测量调查对象对创客精神、工作重塑、上级发展性反馈等相关内容的认知性态度。该部分题项采用多题项度量单一变量的方式进行设计，用李克特（Likert Scale）五级量表进行测量。

2. 事实性问题

这部分的题项主要是用来了解知识工作者及其所在组织的基本情况和特征。这部分的题项主要以单项选择题的形式供答题者作答。

3. 人口统计学特征问题

这部分的问题主要用来测度研究样本抽样选择的基本特征。这部分的题项以单项选择题的形式供答题者作答。

（四）问卷的答题形式

本研究的调查通过对知识工作者的主观评分法收集各研究变量的数据。有知识工作者对照创客精神的相关组成部分和自身工作中工作重塑的认知和做法，对创新精神、共享精神、实践精神、创业精神，以及工作重塑、上级发展性反馈等变量的测度题项进行测定。本研究所有变量均采用李克特五级量表，调查对象依据自身认知选择相应的数值。本研究设计的各变量的测量均可以通过知识工作者的认知和态度评价进行测量，问卷中的事实性问题均可直接选择事实性的答案，因此本研究采用主观评分法。

二、研究变量的题项测量

本研究需要测量的变量包括知识工作者创新行为、创客精神、工作重塑、上级发展性反馈，其中创客精神包括创新精神、共享精神、实践精神和创业精神。根据本书研究的理论框架、研究模型及研究假设，笔者搜寻了国内外学者研究的相关文献，结合本研究测量的七个变量对现有研究中的成熟量表进行了认真的地筛选，科学地构建了多题项量表。

（一）创新行为的测量

创新行为的测量量表主要采用 Scott 的量表，该量表在有关创新行为的研究中得到广泛的应用。Scott 和 Bruce（1994）在研究中首先开发了一个由六个题项组成的测量创新行为的量表，量表从问题的确立、构想的形成和寻求创新支持及落实创新计划三个部分对创新行为进行测量，该量表的 Cronbach's α 系数为 0.812[51]。此量表被诸多研究证明是测量创新行为的优质量表，该量表普遍被用于测量员工创新行为，共 6 个题项，见表 5-1。

表 5-1　创新行为测量量表

变量	序号	题项
创新行为 （CXXW）	CXXW1	在工作中，遇到问题时我会尝试运用新方法、新技术
	CXXW2	我在工作中经常提出有创意的点子和想法
	CXXW3	我经常与别人沟通并提出自己的新想法
	CXXW4	为实现自己的创意，我会想办法争取所需要的资源
	CXXW5	为落实自己的创意，我会积极地制定适当的方案和计划
	CXXW6	从整体上说，我是一个有创新精神的人

（二）创客精神的测量

本书第三章的质性分析的结论指出，创客精神包含创新精神、共享精神、实践精神和创业精神。本研究在构建研究假设的基础上进一步梳理了文献，分别找出了测量创新精神、共享精神、实践精神和创业精神的成熟量表。

创新精神的量表源自 Covin 和 Slevin（1991）的研究，分别产生创意，用创新方法解决问题和产品设计的创新程度三个方面来度量创新精神。经过测量，该量表的 Cronbach's α 系数为 0.910[241]。

共享精神和实践精神的量表源自陈忠卫和郝喜玲（2008）[240] 的研究，共享精神主要体现为愿意采纳团队成员意见，拥有新知识时愿意主动与大家分享，对所研究的问题有新观点时愿意积极与大家分享，该量表一共三个题项，该量表的 Cronbach's α 系数为 0.696。

实践精神的量表主要有四个题项，主要从能否抓住机会，对外部环境动态变化的敏感性，是否重视市场机会的开发，以及是否认同追求卓越的标准等四个方面展开，该量表的 Cronbach's α 系数为 0.779。

创业精神的量表源自 Covin 和 Slevin（1991）的研究[241]。尹然平（2016）在其研究中引用了 Covin 的量表，并充分结合其研究的农业类企业，将创业精神分为创新性、风险承担性和先动性三个维度，该量表的 Cronbach's α 系数为 0.866[242]。创业精神包含四个题项，分别从生产过程中侧重独特设计，决策方面愿意选择高风险回报，面对市场机会，及时采取应对策略，在新兴市场中充当先行者四个方面来测量。经过检测，该量表的 Cronbach's α 系数为 0.906。

综上所述，系列量表经过分析具有较好的信度和效度，见表 5-2、表 5-3、表 5-4、表 5-5。

表 5-2　创新精神测量量表

变量	序号	题项
创新精神（CX）	CX1	我总是有许多创意
	CX2	我喜欢用创新的方法来解决问题
	CX3	我强调产品设计的创新程度

表 5-3　共享精神测量量表

变量	序号	题项
共享精神（GX）	GX1	我愿意采纳管理团队成员所提出的有价值的新观点
	GX2	我拥有关于决策所需的新知识，并愿意主动同大家分享
	GX3	我对所讨论的问题有新观点，并愿意积极同大家分享

表 5-4 实践精神测量量表

变量	序号	题项
实践精神 （SJ）	SJ1	对比同行竞争对手，我能率先抓住市场机会
	SJ2	我能对外部环境的动态变化保持敏感性
	SJ3	我比同行竞争对手更加重视开发市场
	SJ4	我在工作中一向追求卓越

表 5-5 创业精神测量量表

变量	序号	题项
创业精神 （CY）	CY1	对于生产过程与生产方式，我十分重视其独特设计
	CY2	我在战略决策方面更愿意选择高风险高回报的方案
	CY3	面对有利的市场机会，我将积极行动，适时采取相应策略
	CY4	面对新兴目标市场，我所在的企业通常是同类企业中的先行者

（三）工作重塑的测量

工作重塑的变量主要采用 Tims 和 Bakker（2012）开发的量表，该量表基于 JD-R 模型开发，分为 4 个维度，共 21 个题项，其中增加结构性资源 5 个题项、增加社会性资源 5 个题项、增加挑战性资源 5 个题项，减少阻碍性需求 6 个题项，该量表的 Cronbach's α 系数为 0.903[189]。

调节定向理论表明，促进定向与扩张型工作重塑显著相关（扩张型工作重塑主要包括增加结构性资源、增加社会性资源、增加挑战性资源三个方面），而预防定向与收缩型工作重塑作用明显（收缩型工作重塑主要指减少阻碍性要求）。本研究着眼于创新行为的研究，鉴于收缩型工作重塑不会产生积极的效果，因此本研究主要关注扩张型工作重塑。李辉和金辉（2020）围绕工作重塑是否能够提高员工的创造力的问题展开了研究，该文章主要采用了扩张型工作重塑的量表，包括增加结构性资源、增加社会性资源及增加挑战性要求三个维度，每个维度各含 5 个题项，共 15 个题项，该量表的 Cronbach's α 系数为 0.891[243]。因此，本研究工作重塑量表主要采用扩张型工作重塑的三个维度，见表 5-6。

表 5-6　工作重塑测量量表

变量	序号	题项
工作重塑（GZCS）	GZCS1	我努力提高自己的能力
	GZCS2	我努力让自己变得更专业
	GZCS3	我努力从工作中学习新知识
	GZCS4	我让自己的能力得到充分发挥
	GZCS5	我决定自己的做事方式
	GZCS6	我会向上级寻求指导帮助
	GZCS7	我会询问上级对我的工作是否满意
	GZCS8	我希望得到上级的鼓励
	GZCS9	我会询问他人对自己工作表现的看法
	GZCS10	我会寻求同事的意见
	GZCS11	对某个项目感兴趣时，我会主动申请加入其中
	GZCS12	我是第一批尝试新事物的人
	GZCS13	我会把工作的淡季视为开展新项目的准备期
	GZCS14	即使没有额外的报酬，我也愿意承担额外的工作
	GZCS15	我通过检查工作各潜在方面的关系，寻求更多的挑战

（四）上级发展性反馈的测量

上级发展性反馈最早由 Zhou（2003）提出，他编制了上级发展性反馈量表，共有 3 个题项[201]。自这一概念产生以来，国内外学者围绕这一反馈形式从不同角度开展研究，经过文献梳理发现，学者们普遍采用 Zhou 提出的量表，该量表的科学性得到了很多学者的验证。因此，本研究采用 Zhou 提出的上级发展性反馈的量表，该量表 Cronbach's α 系数为 0.84，见表 5-7。

表 5-7　上级发展性反馈测量量表

变量	序号	题项
上级发展性反馈（SJFK）	SJFK1	我的直接上级给我提供反馈主要是为了帮助我如何学习和提高
	SJFK2	我的直接上级从来不提供有利于我工作与成长的信息
	SJFK3	关于如何提高我的工作绩效，我的直接上级会提供有价值的信息给我

（五）控制变量

首先，参照相关创新行为研究，本书设置了相关的人口统计学变量，包括性别、年龄、学历、职位、工作年限等。然后，又控制了可能会影响本书有关实证分析结果的企业性质与企业所属行业，为进一步开展实证分析奠定基础。

三、问卷的预测调整

鉴于研究需要，本研究所有的变量均采用成熟量表进行测度，除控制变量外，所有测度题项均采用 Likert5 级评分法，分值由低到高表示调查对象的认同程度，其中"1"表示完全不同意，"5"表示"完全同意"。本书在翻译量表时，按照研究的规范要求，采取回译的方式确保所翻译的中文量表内涵与原始量表内涵一致。

（一）前测及最终量表形成

前测问卷的通过采用现场发放与回收和委托相关企业部门负责人代为发放与回收两种方式。一共发放问卷 175 份，回收有效问卷 120 份，问卷有效回收率为 68.6%。根据相关研究的统计经验，为预防统计分析出现非正定问题，样本的量需要多于调查问卷中的题项数。本研究问卷中共包含 44 个题项（注：不包含个人背景统计变量），120 份的前测样本量达到了该标准的要求。

具体前测样本基本情况统计信息见表 5-8。前测样本数据显示，男性占调查对象的 52.5%，女性占 47.5%；年龄分布以 26~30 岁的青年人居多，达到总样本的 71.7%；学历水平方面以本科学历居多，占总样本的 74.2%，这与样本多为高学历的年轻工作者相吻合；参加工作的年限多为 3 年及以下，占总样本的 65.8%；职位等级分布方面以基层一线员工居多，占 62.5%；企业性质方面的统计显示为其他企业的居多，为 34.2%；企业所属行业为其他行业居多，为 56.7%。

另外，在问卷调查的过程中，被调查者在完成问卷的填写后，还被要求结合自身工作情况和研究主题的了解程度，对问卷提出修改意见和建议。征询的建议的问题主要集中在 5 个方面：第一，问卷中的问题是否符合企业实际情况；第二，问题题项内容是否含有暗示和引导被调查者的成分；第三，问卷所采用的描述性的语句是否容易理解；第四，问卷提出的问题是否简洁明确并能够准确描述内容；第五，问题的题项数量是否合理。根据被调查者的反馈的意见和建议，本研究后期对初始问卷进行了进一步的修订与完善。

表 5-8　前测样本的人口背景统计

统计项		频率（次）	百分比（％）	有效百分比（％）	累积百分比（％）
性别	男	63	52.5	52.5	52.5
	女	57	47.5	47.5	100
	合计	120	100.0	100.0	
年龄	25 岁及以下	16	13.3	13.3	13.3
	26~30 岁	86	71.7	71.7	85.0
	31~35 岁	4	3.3	3.3	88.3
	36~40 岁	1	0.8	0.8	89.2
	41 岁及以上	13	10.8	10.8	100.0
	合计	120	100.0	100.0	
学历	高中及以下	12	10.0	10.0	10.0
	大专	11	9.2	9.2	19.2
	本科	89	74.2	74.2	93.3
	硕士	4	3.3	3.3	96.7
	博士及以上	4	3.3	3.3	100.0
	合计	120	100.0	100.0	
工作年限	3 年及以下	79	65.8	65.8	65.8
	3~5 年（包括 5 年）	13	10.8	10.8	76.7
	5~10 年（包含 10 年）	8	6.7	6.7	83.3
	10 年以上	20	16.7	16.7	100.0
	合计	120	100.0	100.0	
职位	基层职工	75	62.5	62.5	62.5
	基层管理	20	16.7	16.7	79.2
	中层管理	8	6.7	6.7	85.8
	高级管理	17	14.2	14.2	100.0
	合计	120	100.0	100.0	

续表

统计项		频率（次）	百分比（%）	有效百分比（%）	累积百分比（%）
企业性质	国有企业	6	5.0	5.0	5.0
	民营企业	34	28.3	28.3	33.3
	合资企业	6	5.0	5.0	38.3
	外资企业	33	27.5	27.5	65.8
	其他企业	41	34.2	34.2	100.0
	合计	120	100.0	100.0	
企业所属行业	电子通讯	16	13.3	13.3	13.3
	机械制造	12	10.0	10.0	23.3
	生物医药	10	8.3	8.3	31.7
	化工食品	14	11.7	11.7	43.3
	其他行业	68	56.7	56.7	100.0
	合计	120	100.0	100.0	

（二）项目分析

项目分析主要检验量表中各个题项的区分性，具体检验的是问卷中被调研对象在高得分和低得分题项上的差异性，其原理是对项目进行求和，算出最高分和最低分，将最高分和最低分设置为临界值，以总分低于27%的为低分组，高于73%的为高分组，然后对高分组和低分组进行独立样本 t 检验。如果有显著差异，则说明具有显著的差异性，说明项目设计合理；如果不显著，没有区分性，则需要删除该题项。由表5-9可知，高低两组对于38项均呈现出显著差异（$p<0.05$），意味着38项均具有良好的区分性，应该保留这些题项。

（三）信度分析

本研究以克隆巴赫 α 系数作为前测信度的指标（Cronbach，1951）。Cronbach's α 系数越大，则代表该问卷信息的信度越高。学术界关于 Cronbach's α 系数的取舍阈值尚未形成统一的标准。Guieford（1965）将大于0.7的 Cronbach's α 系数判定为可以接受的高信度，并将低于0.35的系数设定为不能被接受的低信度。Bagozzi 及 Fornell 等人在1981年提出的 α 可接受值为0.5。Hair 等学者（2009）认为，Cronbach's α 不应当小于0.6，最佳选择是在0.7以上。Robinson 等学者（1996）认为，Cronbach's α 系数不应低于0.7，但在探索型研究中可以将 Cronbach's α 系数的最小值降为0.6。但也有学者如 Clark

和 Payne（1997）认为 Cronbach's α 系数应当在一个合理的范围内，并不是越高越好，当 Cronbach's α 系数超出范围时，反倒会导致测验的内容效度和构念效度的降低。

结合上述内容，本研究认为：若 0.6<Cronbach's α 系数<0.7，视为可接受的一般信度；当 Cronbach's α 系数>0.7 时，视为可接受的高信度。

1. 创新精神的信度分析

由表 5-10 可以看出，Cronbach's α 系数为 0.903，表明本研究中创新精神的数据质量高。删除题项"项已删除的 α 系数"后，可靠性没有明显提高，因此不应删除此题项。被分析元素的校正项总计相关性大于 0.4，表明分析元素之间的关系良好，研究内容的可信度水平良好。一般来说，超过 0.8 的研究数据可信度指数可用于进一步分析。

2. 共享精神的信度分析

表 5-9　项目分析（区分度）分析结果

项目	组别		与量表总分的相关	t（决断值）
	低分组（n=32）	高分组（n=34）		
创新 1	2.09±1.25	4.38±0.70	0.678	9.238***
创新 2	2.09±1.23	4.47±0.61	0.703	9.851***
创新 3	2.00±1.24	4.29±0.68	0.664	9.228***
共享 1	2.16±0.85	4.15±1.13	0.577	8.123***
共享 2	2.06±1.08	4.35±0.95	0.638	9.183***
共享 3	2.09±1.09	4.15±0.93	0.561	8.273***
实践 1	2.00±1.24	4.15±0.61	0.634	8.816***
实践 2	2.19±1.15	4.12±0.73	0.597	8.097***
实践 3	2.25±1.22	4.18±0.67	0.593	7.885***
实践 4	1.91±1.25	4.03±0.76	0.654	8.263***
创业 1	2.31±1.28	4.18±0.90	0.587	6.793***
创业 2	2.19±1.23	4.24±0.74	0.639	8.133***
创业 3	2.31±1.20	4.00±0.95	0.592	6.290***
创业 4	2.22±1.21	4.26±0.67	0.590	8.433***
创新行为 1	1.84±1.05	4.21±0.64	0.715	11.100***
创新行为 2	1.72±1.02	4.44±0.75	0.761	12.400***

续表

项目	组别		与量表总分的相关	t（决断值）
	低分组（n＝32）	高分组（n＝34）		
创新行为 3	1.78±0.97	4.41±0.70	0.758	12.515***
创新行为 4	1.88±1.04	3.71±0.72	0.715	8.364***
创新行为 5	2.06±0.95	4.06±0.69	0.687	9.803***
创新行为 6	1.81±0.93	4.06±0.74	0.729	10.829***
工作重塑 1	2.47±1.02	4.29±0.80	0.765	8.142***
工作重塑 2	2.63±1.07	4.50±0.66	0.760	8.496***
工作重塑 3	2.59±1.24	4.21±0.88	0.687	6.117***
工作重塑 4	2.69±1.18	4.12±0.81	0.652	5.725***
工作重塑 5	2.59±1.27	4.38±0.65	0.727	7.147***
工作重塑 12	2.69±1.09	4.44±0.75	0.703	7.663***
工作重塑 13	2.50±1.05	4.03±0.87	0.620	6.469***
工作重塑 14	2.66±1.04	4.12±0.91	0.626	6.090***
工作重塑 15	2.63±1.18	4.21±0.84	0.645	6.271***
工作重塑 16	2.66±1.00	4.35±0.69	0.733	8.040***
工作重塑 17	2.56±1.08	4.41±0.70	0.768	8.218***
工作重塑 18	2.44±1.05	4.29±0.76	0.733	8.210***
工作重塑 19	2.59±1.13	4.32±0.68	0.696	7.458***
工作重塑 20	2.66±1.15	4.21±1.01	0.672	5.821***
工作重塑 21	2.59±1.01	4.41±0.61	0.741	8.780***
上级反馈 1	2.94±0.80	4.35±0.69	0.545	7.701***
上级反馈 2	2.84±0.81	4.21±0.95	0.526	6.271***
上级反馈 3	2.97±0.90	4.35±0.73	0.530	6.878***

注：*** 表示 $p<0.001$。

　　由表 5-11 可知，Cronbach's α 系数为 0.886，这表明本研究中共享精神的数据质量较高。删除题项"项已删除的 α 系数"后，可靠性没有明显提高，因此不应删除此题项。

表 5-10　创新精神的信度分析

	校正项总计相关性（CITC）	项已删除的 α 系数	Cronbach's α 系数
创新 1	0.788	0.877	
创新 2	0.841	0.832	0.903
创新 3	0.793	0.873	

表 5-11　共享精神的信度分析

项目	校正项总计相关性（CITC）	项已删除的 α 系数	Cronbach's α 系数
共享 1	0.749	0.863	
共享 2	0.838	0.783	0.886
共享 3	0.751	0.861	

3. 实践精神的信度分析

由表 5-12 可知，关于实践精神的 Cronbach's α 系数为 0.917，说明本研究中实践精神的数据的质量很高。删除题项"项已删除的 α 系数"后，可靠性没有明显的上升，因此不应删除。

表 5-12　实践精神的信度分析

项目	校正项总计相关性（CITC）	项已删除的 α 系数	Cronbach's α 系数
实践 1	0.813	0.891	
实践 2	0.759	0.910	
实践 3	0.802	0.895	0.917
实践 4	0.870	0.871	

4. 创业精神的信度分析

由表 5-13 可知，Cronbach's α 系数为 0.902，这表明本研究中的创业精神的数据质量很高。删除题项"项已删除的 α 系数"后，可靠性没有显著提高，因此不应删除此题项。

5. 员工创新行为的信度分析

从表 5-14 可以看出，员工创新行为的 Cronbach's α 系数为 0.939，说明了本研究中员工创新行为的数据质量高。删除题项"项已删除的 α 系数"后，可靠性没有明显提高，因此不应删除此题项。

表 5-13　创业精神的信度分析

项目	校正项总计相关性（CITC）	项已删除的 α 系数	Cronbach's α 系数
创业 1	0.756	0.882	
创业 2	0.836	0.853	
创业 3	0.720	0.895	0.902
创业 4	0.816	0.861	

表 5-14　员工创新行为的信度分析

项目	校正项总计相关性（CITC）	项已删除的 α 系数	Cronbach's α 系数
创新行为 1	0.808	0.928	
创新行为 2	0.848	0.924	
创新行为 3	0.857	0.922	
创新行为 4	0.794	0.931	0.939
创新行为 5	0.765	0.933	
创新行为 6	0.842	0.924	

6. 工作重塑的信度分析

由表 5-15 可以看出，工作重塑的 Cronbach's α 系数为 0.962，表明本研究中工作重塑的数据质量高。删除题项"项已删除的 α 系数"后，可靠性没有明显提高，因此不应删除此题项。

7. 上级发展性反馈的信度分析

由表 5-16 可知，上级发展性反馈的 Cronbach's α 系数为 0.816，表明本研究中上级发展性反馈的数据质量高。删除题项"项已删除的 α 系数"后，可靠性系数没有明显显著增加，因此不应删除此题项。

表 5-15　工作重塑的信度分析

项目	校正项总计相关性（CITC）	项已删除的 α 系数	Cronbach's α 系数
工作重塑 1	0.817	0.959	
工作重塑 2	0.767	0.960	
工作重塑 3	0.736	0.960	
工作重塑 4	0.799	0.959	0.962
工作重塑 5	0.779	0.960	
工作重塑 12	0.811	0.959	

续表

项目	校正项总计相关性（CITC）	项已删除的 α 系数	Cronbach's α 系数
工作重塑 13	0.702	0.961	
工作重塑 14	0.735	0.960	
工作重塑 15	0.741	0.960	
工作重塑 16	0.842	0.958	
工作重塑 17	0.785	0.959	0.962
工作重塑 18	0.788	0.959	
工作重塑 19	0.790	0.959	
工作重塑 20	0.753	0.960	
工作重塑 21	0.817	0.959	

表 5-16　上级发展性反馈的信度分析

项目	校正项总计相关性（CITC）	项已删除的 α 系数	Cronbach's α 系数
上级反馈 1	0.702	0.714	
上级反馈 2	0.617	0.803	0.816
上级反馈 3	0.691	0.726	

（四）探索性因子分析

探索性因子分析（EFA）可以综合一些主要因素中具有复杂关系的变量，适合被用于初始测试。当对内部尺度机制没有明确的预期时，测试人员可以对总体测量指标进行探索性因子分析，并通过上述步骤得出的因子载荷量来测量结构的有效性。具体来说，当同一维度的项目因子载荷量增加（通常大于0.5），而其他维度的因子载荷量减少时，表明测量的最高结构有效性。为了确保能够分析每个测试变量的探索因子，测试前需要测试每个变量的相关性。KMO 取样适合度检验统计量和 Bartlett 球形检验通常用于测试变量之间的相关性。

KMO 的值测试标准如下：当测量值大于或等于 0.9 时，表明它非常适合于因子分析；当测量值在 0.80~0.89 时，表示比较适合进行因子分析；当测量值在 0.70~0.79 时，表明适合进行因子分析；当测量值在 0.60~0.69 时，勉强能进行因子分析；当测量值在 0.50~0.59 时，表示几乎不能进行因子分析；当测量值小于 0.5 时，表示不适合进行因子分析。Bartlett 球形检验的分解标准如下：当检验统计量的观察值相对较高，且相应概率的 p 值低于规定的显

著性水平 α 时，该变量适合被用于因子分析；如果不满足或不满足上述条件，则表示该变量不适合进行因子分析。在从剩余测量项中提取因子时，本研究主要采用主成分分析法，采用最大方差法进行因子运算，以特征值大于 1 的为因子提取标准。有效性评估标准如下：当测量题项的因子载荷量小于 0.5 时，应删除该题项；当剩余测量题项的因子载荷量超过 0.5，而且解释方差的累计比例大于 50% 时，表示测量题项是符合要求的。

由表 5-17 可知，KMO 取样适合度检验统计量为 0.907，Bartlett 的球形检验近似卡方值为 4167.689，表明适合使用因子分析。通过主成分分析法提取因素，发现有七个因子的特征根值大于 1，七个因子解释的方差比例分别为 25.886%、12.147%、9.945%、8.974%、6.340%、6.125%、6.003%，累积方差解释率为 75.419%，超过 50%。通过方差最大法进行因子旋转，各测量题项的因子载荷量均大于 0.5。其中，因子 1 代表了工作重塑；因子 2 代表了员工创新行为；因子 3 代表了实践精神；因子 4 代表了创业精神；因子 5 代表了创新精神；因子 6 代表了共享精神；因子 7 代表了上级发展性反馈。

通过对 120 份小规模样本的前测检验，可证明本研究初始问卷的整体设计较为合理，具有较高的信度和效度。根据前测检验的信度和效度标准，本研究不需要删除题项。结合在前测调查中被调查者反馈的答卷建议，本研究对原始问卷的题项措辞、布局等进行了修改和完善，最终形成了创客精神与知识工作者创新行为关系研究的调查问卷，详见附录。

四、本章小结

本章首先详细阐述了问卷设计的基本原则，并描述了问卷设计的过程、问卷的表达形式、问卷的答题形式。本研究根据研究特点明确了七个控制变量，借鉴与本研究相关的量表，重点对研究中所涉及的各变量的题项进行了测量，进一步验证量表题项选择的科学性。本研究还对形成的初始问卷进行了小样本预测分析，验证前测的信度和效度标准，并在此基础上确定了调研问卷，为实证分析奠定了基础。

表 5-17　探索性因子分析

	成分						
	1	2	3	4	5	6	7
创新精神 1					0.749		
创新精神 2					0.755		

	成分						
	1	2	3	4	5	6	7
创新精神 3					0.760		
共享精神 1						0.778	
共享精神 2						0.720	
共享精神 3						0.735	
实践精神 1			0.800				
实践精神 2			0.752				
实践精神 3			0.828				
实践精神 4			0.821				
创业精神 1				0.760			
创业精神 2				0.807			
创业精神 3				0.762			
创业精神 4				0.813			
创新行为 1		0.740					
创新行为 2		0.735					
创新行为 3		0.758					
创新行为 4		0.745					
创新行为 5		0.727					
创新行为 6		0.785					
工作重塑 1	0.770						
工作重塑 2	0.685						
工作重塑 3	0.723						
工作重塑 4	0.825						
工作重塑 5	0.757						
工作重塑 6	0.792						
工作重塑 7	0.692						
工作重塑 8	0.738						
工作重塑 9	0.762						

续表

	成分						
	1	2	3	4	5	6	7
工作重塑 10	0.809						
工作重塑 11	0.698						
工作重塑 12	0.721						
工作重塑 13	0.784						
工作重塑 14	0.707						
工作重塑 15	0.767						
上级发展性反馈 1							0.764
上级发展性反馈 2							0.746
上级发展性反馈 3							0.724
KMO 值	0.907						
Bartlett 球形检验	4167.689						
显著性概率	0.000						
特征值	16.984	4.237	1.942	1.712	1.394	1.334	1.056
解释的方差比例（%）	25.886	12.147	9.945	8.974	6.340	6.125	6.003

注：提取方法为主成分分析法。旋转方法选取 Kaiser 标准化的正交旋转法，旋转在 7 次迭代后收敛。

第六章　创客精神与知识工作者
创新行为关系实证研究

　　基于第四章的研究设计与方法，本章在第五章设计问卷并开展正式问卷调查收集数据的基础上，采用 SPSS24.0 和 AMOS24.0 对样本数据进行分析，从而检验第四章所提出的研究假设是否成立。首先，检验变量的信度和效度；其次，对样本数据进行相关性分析及共同方法偏差分析；最后，在基本分析结果均满足实证检验标准的基础上，进一步验证研究假设。

一、样本选取与数据分析

　　为保证样本选择的科学性，我们需要结合中国的创新生态和区域创新发展现状选择样本。中共中央、国务院印发的《国家创新驱动发展战略纲要》指出，既要打造区域创新示范引领高地，增强创新发展的辐射带动功能，也要柔性汇聚创新资源，互联互通创新要素，打造区域协同创新共同体。在此背景下，城市作为区域创新的重要载体，城市创新能力的发展一直是国内外研究的热点。基于共生理论的研究，各城市的创新发展不仅取决于城市自身的发展条件，也与城市间的创新联动息息相关。在中国，各城市间普遍存在的创新联系组成了由核心城市和节点城市共生的庞大复杂的创新生态圈。同时随着《长江三角洲城市群发展规划》《京津冀协同发展规划纲要》《关于培育发展现代化都市圈的指导意见》等发展规划的发布和提出，城市间的创新联动更加频繁，关系更加深入，城市创新呈现出以特大城市、超大城市为中心，集群化、网络化的发展态势。城市是创客存在的重要土壤，城市创新能力的提升对创客的产生和创客运动及创客空间的发展具有重要影响，因此本书在进行调研样本选取时会着重参考创客所在城市的创新能力，以及大区域内城市的创新协同状况。

　　本书的研究对象为知识工作者，为了确保研究的规范性和科学性，本书根据知识工作者的定义认真筛选了调查对象。本研究就调查对象的工作岗位进行了筛选，主要选取工作岗位集中在技术、研发、运营、市场、培训、采购等领域。根据岗位工作要求和工作性质，剔除行政和财务等规章制度约束较多、不适合开展太多创新的岗位。此外，研究样本主要选取了江浙沪等发达地区工作的员工，通过实地调研、邮寄纸质问卷采集数据。本研究一共发放 600 份，实际回收 528 份，剔除无效问卷后，共获得有效问卷为 495 份，有效问卷的回收率为 82.5%。

总体来看，样本的选择综合考虑了企业性质、企业所属行业等因素，涵盖了不同年龄、性别、学历、职位、工作年限等，具有较好的代表性。经过进一步统计，样本特征分布见表 6-1。

表 6-1　样本特征分布

题项	选项	数量（人）	比例	题项	选项	数量（人）	比例
年龄	25 岁以下	38	7.7%	学历	高中及以下	48	9.7%
	26~30 岁	54	10.9%		大专	52	10.5%
	31~35 岁	336	67.9%		本科	366	73.9%
	36~40 岁	10	2.0%		硕士	20	4.0%
	41 岁以上	57	11.5%		博士及以上	9	1.8%
职位	基层职工	178	36.0%	工作年限	3 年及以下	32	6.5%
	基层管理	129	26.1%		3~5 年（包括 5 年）	85	17.2%
	中层管理	98	19.8%		6~10 年（包括 10 年）	330	66.7%
	高级管理	90	18.2%		10 年以上	48	9.7%
企业性质	国有企业	137	27.7%	企业所属行业	电子通信	78	15.8%
	民营企业	145	29.3%		机械制造	52	10.5%
	合资企业	26	5.3%		生物医药	37	7.5%
	外资企业	21	4.2%		化工食品	48	9.7%
	其他企业	166	33.5%		其他行业	280	56.6%

注：由于数值修约，有的项目数据之和不为 100%。

从被调研者的性别来看，在 495 份总体有效问卷中，男性共 257 人，占样本总量的 51.9%；女性共 238 人，占样本总量的 48.1%；本研究调查样本中男女性别的比例是合理的。

从被调研者的年龄来看，25 岁以下的员工为 38 名，占总数的 7.7%；26~30 岁的员工为 54 名，占总样本量的 10.9%；31~35 岁的员工为 336 名，占总样本量的 67.9%；36~40 岁的员工为 10 名，占总样本量的 2%；41 岁以上的员工为 57 名，占总样本量的 11.5%，这侧面反映了企业中的大多数知识型员工比较年轻。

从被调研者的学历来看，其中有 48 名员工的学历为高中及以下学历，约占 9.7%；52 名员工学历是大专，占总人数的 10.5%；366 名员工的学历是本科，占总人数的 73.9%；20 名员工的学历是硕士，占总人数的 4%；9 名员工的学历是博士，占比 1.8%。这反映了调研对象的学历层次较高，与本研究知识型员工的研究对象相吻合。

从被调研者的职位来看，基层职工人数有 178 名，占比 36%；基层管理的职工人数有 129 名，占比 26.0%；中层管理的职工人数有 98 名，占比 19.8%；高级管理的职工人数有 90 名，占比 18.2%。总体来看，正式调研样本的职位级别分布符合一般的企业和组织中"金字塔"型的等级结构设计和安排。

从被调研者的工作年限来看，任职在 3 年及以下的职工人数有 32 名，占比 6.4%；任职在 3 至 5 年的职工人数有 85 名，占比 17.2%；任职在 6 年至 10 年的职工人数最多，有 330 名，占比 66.7%；任职在 10 年及以上的职工人数有 48 名，占比 9.7%，这说明正式调研样本在当前企业任职的时间较短。

从企业性质来看，国有企业的职工有 137 名，占比 27.7%；民营企业的职工有 145 名，占比 29.3%；合资企业的职工有 26 名，占比 5.3%；外资企业的职工有 21 名，占比 4.2%；其他企业的职工有 166 名，占总样本量最多，占比 33.5%，这说明正式调研样本在其他企业类别工作的人数最多。

从企业所属行业来看，电子通信业的职工有 78 名，占样本总量的 15.8%；机械制造业的职工有 52 名，占样本总量的 10.5%；生物医药行业的职工有 37 名，占样本总量的 7.5%；化工食品行业的职工有 48 名，占样本总量的 9.7%；其他行业的职工有 280 名，占总样本量的 56.6%，这说明正式调研样本在其他行业中的人数最多。

二、验证性因子分析模型

本研究的变量包含创新精神、共享精神、实践精神、创业精神、上级发展性反馈、员工创新行为和工作重塑。其中，创新精神、共享精神和上级发展性反馈各由 3 个观测题项来测量，实践精神和创业精神各由 4 个观测题项来测量，员工创新行为由 6 个观测题项来测量，工作重塑由 15 个观测题项来测量。模型设定见图 6-1。

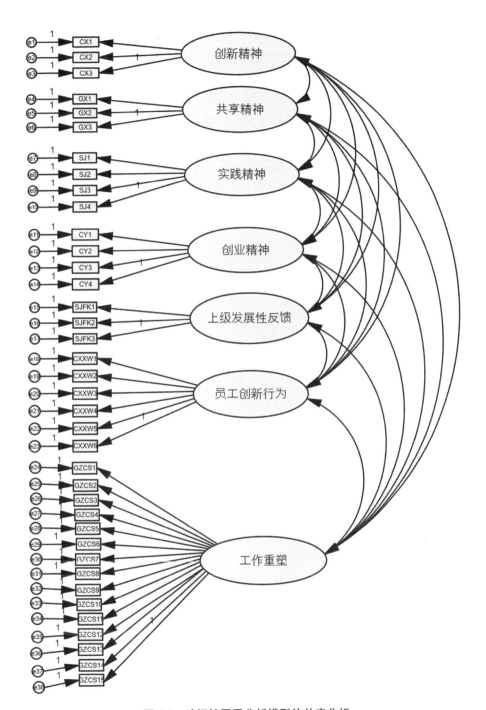

图 6-1　验证性因子分析模型信效度分析

本书选用 SPSS24.0 和 AMOS24.0 对样本数据进行信度和效度分析，并采用内部一致性（Cronbach' α 系数）和组合信度（CR）作为信度评判标准。如表 6-2 所示，各变量的 Cronbach' α 系数处于 0.847~0.968（均大于 0.7），组合信度处于 0.849~0.968（均大于 0.6），说明具有较高的内部一致性和组合信度。如表 6-2 所示，各变量的 AVE 值处于 0.653~0.799（均大于 0.5），表明具有较好的聚合效度。

另外，本书采用因子分析对测量模型进行了二次检验。检验结果见表 6-3，相较于其他因子模型，七因子模型的拟合效果最为理想（X^2/df = 2.755，RMSEA = 0.056，NFI = 0.903，TLI = 0.930，IFI = 0.936，CFI = 0.936），检验结果表明具有良好的结构效度。

表 6-2　变量的信度和效度

变量名称	题项	因子载荷	Cronbach' α 系数	CR	AVE
创新精神 （CX）	CX1	0.874	0.910	0.910	0.771
	CX2	0.881			
	CX3	0.878			
共享精神 （GX）	GX1	0.898	0.922	0.922	0.799
	GX2	0.922			
	GX3	0.860			
实践精神 （SJ）	SJ1	0.914	0.910	0.913	0.726
	SJ2	0.833			
	SJ3	0.777			
	SJ4	0.866			
创业精神 （CY）	CY1	0.854	0.906	0.906	0.708
	CY2	0.923			
	CY3	0.765			
	CY4	0.819			
上级发展性反馈 （SJFK）	SJFK1	0.880	0.847	0.849	0.653
	SJFK2	0.746			
	SJFK3	0.798			

续表

变量名称	题项	因子载荷	Cronbach' α 系数	CR	AVE
工作重塑 （GZCS）	GZCS1	0.878	0.968	0.968	0.668
	GZCS2	0.825			
	GZCS3	0.816			
	GZCS4	0.818			
	GZCS5	0.821			
	GZCS6	0.839			
	GZCS7	0.760			
	GZCS8	0.774			
	GZCS9	0.811			
	GZCS10	0.833			
	GZCS11	0.834			
	GZCS12	0.811			
	GZCS13	0.839			
	GZCS14	0.755			
	GZCS15	0.847			
创新行为 （CXXW）	CXXW1	0.792	0.921	0.922	0.664
	CXXW2	0.827			
	CXXW3	0.811			
	CXXW4	0.814			
	CXXW5	0.799			
	CXXW6	0.846			

三、共同方法偏差检验

由于在整个调研过程中可能会出现一些无法控制的因素，例如不同语言背景下对问题的解释、调研过程中不同环境的变化等，因此可能会导致数据来源相近的情况产生，也就会导致自变量与因变量共变的情况，这就是共同方法偏差问题（Common method variance），会对数据分析结果产生一些影响。因此，研究中需要检验本书所搜集的数据是否存在该问题，以保证后续数据分析的顺利开展。本书对获取的研究数据将采用 Harman 单因子检验法和共同方法偏差潜因子检验法进行检验，避免因共同方法偏差导致的一些问题，从而保证本书数据分析结果的准确度和客观性。

表 6-3　测量模型之间的验证性因素比较

检验量	χ^2/df	RMSEA	NFI	TLI	IFI	CFI
7 因子	2.755	0.056	0.903	0.930	0.936	0.936
6 因子	3.247	0.067	0.878	0.905	0.912	0.912
5 因子	4.452	0.084	0.831	0.854	0.864	0.864
4 因子	5.748	0.098	0.781	0.799	0.812	0.811
3 因子	6.648	0.107	0.745	0.761	0.775	0.775
2 因子	7.432	0.114	0.715	0.727	0.743	0.743
1 因子	10.749	0.140	0.587	0.587	0.610	0.609

注：df 为自由度；DI = 工作重塑；CT = 创新精神；IO = 共享精神；FI = 实践精神；CO = 创业精神；KIA = 上级发展性反馈；EIP = 员工创新行为。7 因子为 CT、IO、FI、CO、KIA、EIP、DI，6 因子为 CT+IO、FI、CO、KIA、EIP、DI，5 因子为 CT+IO+FI、CO、KIA、EIP、DI，4 因子为 CT+IO+FI+CO、KIA、EIP、DI，3 因子为 CT+IO+FI+CO+KIA、EIP、DI，2 因子为 CT+IO+FI+CO+KIA+EIP、DI，1 因子为 CT+IO+FI+CO+KIA+EIP+DI。

首先，本书依据 Harman 单因素检验法，利用 SPSS24.0 软件对除控制变量以外的所有变量的题项进行探索性因子分析。根据 J. F. Hair 等学者的研究，第一个主成分解释的总方差小于临界值 50%，基本可以判断共同方法偏差程度较小。结果中，第一个主成分解释的总方差为 48%，表明共同方法偏差程度较小[246]。其次，本书拟采用共同方法偏差潜因子法对研究假设进行二次检验，即运用验证性因子分析模型来检验无法预估的共同方法偏差问题。其具体操作步骤是利用 AMOS24.0 软件将共同方法偏差潜变量放入本书提出的 7 因子模型中，若包含共同方法偏差潜变量的模型拟合度明显优于不包含共同方法偏差潜变量的情况，那么数据就存在共同方法偏差的问题。根据表 6-4 的分析结果，与未加入共同因子的测量模型相比，各项拟合指数的变化均小于 0.03，表明加入了共同因子的测量模型的拟合优度并未得到明显改善，测量中不存在明显的共同方法偏差。上述分析结果充分表明，共同方法偏差在本研究中并不是大问题，不会对后续的研究造成不利影响。

表 6-4　控制非可测单潜变量模型检验结果（模型拟合度比较）

检验量	χ^2/df	RMSEA	NFI	TLI	IFI	CFI
无共同因子	2.755	0.056	0.903	0.930	0.936	0.936
有共同因子	2.112	0.047	0.926	0.953	0.960	0.959

四、相关性分析

为了对所获得的调研数据有一些初步了解，本小节采用 Person 相关分析法计算所有变量之间的相关系数，从而进一步分析不同变量之间的相关性，具体结果见表 6-5。

表 6-5　变量的相关性分析

变量	均值	标准差	1. 创新精神	2. 共享精神	3. 实践精神	4. 创业精神	5. 员工创新行为	6. 工作重塑	7. 上级发展性反馈
1. 创新精神	3.672	1.194	(0.878)						
2. 共享精神	3.651	1.146	0.680**	(0.894)					
3. 实践精神	3.700	1.000	0.506**	0.551**	(0.852)				
4. 创业精神	3.509	1.152	0.496**	0.481**	0.400**	(0.841)			
5. 员工创新行为	3.507	0.949	0.625**	0.656**	0.556**	0.544**	(0.815)		
6. 工作重塑	3.758	0.830	0.521**	0.518**	0.435**	0.478**	0.552**	(0.817)	
7. 上级发展性反馈	3.716	0.857	0.376**	0.391**	0.358**	0.336**	0.391**	0.655**	(0.808)

注：** 表示 $p<0.01$（双侧检验），括号内数据为 AVE 值平方根。

表 6-5 所示的计算结果进一步说明，所有变量的均值在合理范围之内，变量的标准差也都大于 0.8，表明本书通过调研所获取的数据具有进一步研究的价值，可以充分利用该数据对模型中不同变量之间的差异进行分析。同时，从表 6-5 中可以看到，创新精神（$r=0.625$，$p<0.01$）、共享精神（$r=0.656$，$p<0.01$）、实践精神（$r=0.556$，$p<0.01$）、创业精神（$r=0.544$，$p<0.01$）与员工创新行为之间均有着显著相关性。创新精神（$r=0.521$，$p<0.01$）、共享精神（$r=0.518$，$p<0.01$）、实践精神（$r=0.435$，$p<0.01$）、创业精神（$r=0.478$，$p<0.01$）与工作重塑之间均存在显著相关性，上级发展性反馈与创新精神（$r=0.376$，$p<0.01$）、共享精神（$r=0.391$，$p<0.01$）、实践精神（$r=0.358$，$p<0.01$）、创业精神（$r=0.336$，$p<0.01$）、工作重塑（$r=0.655$，$p<0.01$）之间也存在显著相关性，为后续假设检验奠定了基础。

根据本研究的设计，本研究涉及多个自变量与中介变量、调节变量，以及结果变量之间的关系的问题，因此需要尽可能地排除多重共线性对模型的影响。本书在数据分析的过程中，首先将各个变量进行中心化处理，并且将中心化的数据相乘以获得自变量和调节变量的乘积。然后，本研究进一步观察了各变量的方差膨胀因子（VIF值），检验了变量间的多重共线性情况。所有结果显示，每个变量的VIF值均小于3，远小于临界值10，这充分表明数据不存在多重共线性。

五、假设检验

（一）直接效应检验

本研究运用多元线性回归的方法分别检验了创新精神、共享精神、实践精神、创业精神对工作重塑的影响力，以及创新精神、共享精神、实践精神、创业精神与知识工作者创新行为之间的相互作用。根据表6-6，M1是工作重塑受控制变量影响的检验；M2在M1的基础上添加了创新精神，检验证创新精神对工作重塑的直接效应，检验结果显示创新精神对工作重塑存在显著正向影响（$\beta = 0.350$，$p < 0.001$），基于这一检验结果，H5被验证；M3在M1的基础上添加了共享精神，检验共享精神对工作重塑的直接效应，结果显示共享精神对工作重塑存在显著正向影响（$\beta = 0.363$，$p < 0.001$），H6被验证；M4在M1的基础上添加了实践精神以检验实践精神对工作重塑的直接效应，结果显示实践精神对工作重塑存在显著正向影响（$\beta = 0.345$，$p < 0.001$），H7被验证；M5在M1的基础上添加了创业精神，以检验创业精神对工作重塑的直接效应，结果显示创业精神对工作重塑存在显著正向影响（$\beta = 0.333$，$p < 0.001$），H8被验证；M6检验了控制变量对知识工作者创新行为的影响；M7在M6的基础上添加了工作重塑，以检验工作重塑对知识工作者创新行为的直接效应，结果显示工作重塑对知识工作者创新行为有显著正向影响（$\beta = 0.602$，$p < 0.001$），H9被验证。

（二）中介作用检验

根据Baron和Kenny（1986）的研究，中介效用的成立需要满足三个条件：第一，自变量与因变量显著相关；第二，自变量与中介变量显著相关；第三，当中介变量放入回归方程后，中介变量与因变量显著相关，自变量与因变量的相关性显著削弱为部分中介，自变量与因变量的相关性不显著为完全中介[245]。

基于以上认识，本研究依据调研数据开展了中介效用分析。中介路径1（创新精神→工作重塑→知识工作者创新行为）的检验结果见表6-6，M8在M6的基础上添加了创新精神，结果显示创新精神对知识工作者创新行为有显著正向影响（$\beta = 0.481$，$p < 0.001$），H1被验证，满足了中介效用的第一个条

件。创新精神对工作重塑有显著正向影响，已在前文 H5 检验中被验证，满足了中介效用的第二个条件。当工作重塑被加入 M12 回归方程后，工作重塑对知识工作者创新行为有显著正向影响（$\beta = 0.329$，$p < 0.001$）；创新精神与知识工作者创新行为之间的关系虽显著但明显变弱（$\beta = 0.366$，$p < 0.001$），满足了中介效用的第三个条件。以上验证充分表明，工作重塑在创新精神与知识工作者创新行为之间起到部分中介作用，即 H10 被验证。

中介路径 2（共享精神→工作重塑→知识工作者创新行为）的检验结果见表 6-6，M9 在 M6 的基础上添加了共享精神，分析结果显示共享精神对知识工作者创新行为具有显著正向影响（$\beta = 0.532$，$p < 0.001$），H2 被验证，满足了中介效用的第一个条件。共享精神对工作重塑有显著正向影响，已在前文检验 H6 中得到验证，满足了中介效用的第二个条件。当工作重塑添加进 M13 回归方程后，工作重塑对知识工作者创新行为具有显著正向影响（$\beta = 0.305$，$p < 0.001$）；共享精神与知识工作者创新行为之间的关系虽显著但明显变弱（$\beta = 0.422$，$p < 0.001$），满足了中介效用的第三个条件。以上验证也表明，工作重塑在共享精神与知识工作者创新行为之间起到部分中介作用，即 H11 被验证。

中介路径 3（实践精神→工作重塑→知识工作者创新行为）的检验结果见表 6-6，M10 在 M6 的基础上添加了实践精神，验证结果显示实践精神对知识工作者创新行为具有显著正向影响（$\beta = 0.507$，$p < 0.001$），H3 得到验证，满足了中介效用的第一个条件。实践精神对工作重塑有显著正向影响，已在前文检验 H7 中得到验证，满足了中介效用的第二个条件。当工作重塑添加进 M14 回归方程后，工作重塑对知识工作者创新行为显示出显著正向影响（$\beta = 0.415$，$p < 0.001$）；实践精神与知识工作者创新行为之间的关系虽显著但明显变弱（$\beta = 0.363$，$p < 0.001$），满足了中介效用的第三个条件。以上验证结果表明，工作重塑在实践精神与知识工作者创新行为之间起到部分中介作用，即 H12 被验证。

中介路径 4（创业精神→工作重塑→知识工作者创新行为）的检验结果见表 6-6，M11 在 M6 的基础上添加了创业精神，分析结果显示创业精神对知识工作者创新行为显示出显著正向影响（$\beta = 0.435$，$p < 0.001$），H4 得到验证，满足了中介效用的第一个条件。创业精神对工作重塑有显著正向影响，已在上文 H8 检验中得到验证，满足了中介效用的第二个条件。当工作重塑被放进 M15 回归方程后，工作重塑对知识工作者创新行为具有显著正向影响（$\beta = 0.404$，$p < 0.001$）；创业精神与知识工作者创新行为之间的关系虽显著但明显变弱（$\beta = 0.301$，$p < 0.001$），满足了中介效用的第三个条件。以上验证结果进

一步表明，工作重塑在创业精神与知识工作者创新行为之间起到部分中介作用，即 H13 被验证。

（三）调节作用检验

上级发展性反馈的调节效应结果见表 6-7。M16 在 M2 分析的基础上增添了上级发展性反馈，结果显示：上级发展性反馈对工作重塑有显著正向影响（$\beta = 0.519$，$p < 0.001$）。M17 在 M3 的基础上添加了上级发展性反馈，结果表明上级发展性反馈对工作重塑有显著的正向影响（$\beta = 0.519$，$p < 0.001$）。M18 在 M4 的基础上添加了上级发展性反馈，结果表明上级发展性反馈对工作重塑有显著正向影响（$\beta = 0.556$，$p < 0.001$）。M19 在 M5 的基础上添加了上级发展性反馈，结果表明上级发展性反馈对工作重塑有显著正向影响（$\beta = 0.541$，$p < 0.001$）。M20 在 M16 基础上添加了上级发展性反馈与创新精神的交互项，结果表明上级发展性反馈与创新精神的交互项有显著正向影响关系（$\beta = 0.130$，$p < 0.001$），H14 被验证。M21 在 M17 的基础上添加了上级发展性反馈与共享精神的交互项，结果表明上级发展性反馈与共享精神的交互项有显著正向影响关系（$\beta = 0.125$，$p < 0.001$），H15 被验证。M22 在 M18 的基础上添加了上级发展性反馈与实践精神的交互项，结果表明上级发展性反馈与实践精神的交互项有显著正向影响关系（$\beta = 0.158$，$p < 0.001$），H16 被验证。M23 在 M19 的基础上添加了上级发展性反馈与创业精神的交互项，结果表明上级发展性反馈与创业精神的交互项有显著正向影响关系（$\beta = 0.067$，$p < 0.05$），H17 被验证。

为了更直观地观察上级发展性反馈的调节效应，本书设定该变量高于和低于均值一个标准差的两种情形来进行简单斜率绘图。如图 6-2 所示，当上级发展性反馈水平较低时，创新精神对工作重塑的影响趋势相对平缓；当上级发展性反馈水平较高时，创新精神对工作重塑的影响趋势则变得相对陡峭。可以看出，上级发展性反馈在创新精神和工作重塑关系间具有正向调节效应。如图 6-3 所示，当上级发展性反馈水平较低时，共享精神对工作重塑的影响趋势相对平缓；当上级发展性反馈水平较高时，共享精神对工作重塑的影响趋势变得相对陡峭。可以看出，上级发展性反馈在共享精神和工作重塑关系间起正向调节效应。如图 6-4 所示，当上级发展性反馈水平较低时，实践精神对工作重塑的影响趋势相对平缓；当上级发展性反馈水平较高时，实践精神对工作重塑的影响趋势相对陡峭。可以看出，上级发展性反馈在实践精神和工作重塑关系之间起正向调节效应。如图 6-5 所示，上级发展性反馈在创业精神和工作重塑关系间起正向调节效应。

表6-6　直接效应与中介效应分析

变量	中介变量：工作重塑					因变量：知识工作者创新行为									
	M1	M2	M3	M4	M5	M6	M7	M8	M9	M10	M11	M12	M13	M14	M15
自变量															
创新精神	0.350***							0.481***				0.366***			
共享精神			0.363***						0.532***				0.422***		
实践精神				0.345***						0.507***				0.363***	
创业精神					0.333***						0.435***				0.301***
中介变量															
工作重塑							0.602***					0.329***	0.305***	0.415***	0.404***
控制变量															
性别	0.002	-0.018	0.021	-0.020	0.037	0.105	0.103	0.076	0.132*	0.071	0.149*	0.082	0.125*	0.080	0.135*
年龄	-0.094*	-0.067	-0.053	-0.063	-0.087	-0.159*	-0.102*	-0.121*	-0.098*	-0.112*	-0.150*	-0.099*	-0.082*	-0.086*	-0.114**
学历	0.133*	0.103*	0.096*	0.115*	0.096	0.125*	0.044	0.084	0.070	0.098	0.075	0.050	0.041	0.050	0.037
工作年限	0.090	0.082	0.051	0.071	0.080	0.159*	0.105*	0.147*	0.101*	0.130*	0.146*	0.121*	0.086*	0.101*	0.113*
职位	0.046	0.020	0.052	0.028	0.017	0.093*	0.066	0.058	0.103*	0.067	0.055	0.051	0.087*	0.055	0.049
企业性质	-0.054*	-0.037	-0.C28	-0.039	-0.042	-0.049	-0.017	-0.026	-0.011	-0.027	-0.034	-0.014	-0.003	-0.011	-0.017
所属行业	0.041	0.027	0.0.5	0.029	0.029	0.035	0.011	0.016	-0.003	0.018	0.020	0.007	-0.007	0.006	0.008
统计量更改															
R²	0.046	0.295	0.290	0.215	0.255	0.061	0.325	0.421	0.463	0.340	0.335	0.480	0.513	0.444	0.428
修正的 R²	0.032	0.284	0.278	0.202	0.243	0.047	0.314	0.412	0.454	0.329	0.324	0.470	0.504	0.433	0.417
ΔR²	0.046	0.249	0.244	0.169	0.209	0.061	0.265	0.360	0.402	0.279	0.274	0.058	0.051	0.104	0.093
F 值	3.360**	25.435***	24.779***	16.663***	20.798***	4.499***	29.302***	44.206***	52.306***	31.322***	30.536***	49.655***	56.818***	42.983***	40.248***
ΔF	3.360**	171.716***	166.703***	104.771***	136.324***	4.499***	190.658***	302.645***	363.510***	205.833***	199.925***	54.393***	50.387***	90.252***	78.826***

注：* 表示 $p < 0.05$，** 表示 $p < 0.01$，*** 表示 $p < 0.001$。

表 6-7　调节作用的回归分析结果

变量	工作重塑								
	M1	M16	M17	M18	M19	M20	M21	M22	M23
自变量									
创新精神		0.215***				0.256**			
共享精神			0.214***				0.258***		
实践精神				0.179***				0.247***	
创业精神					0.205***				0.223***
上级发展性反馈		0.519***	0.519***	0.556***	0.541***	0.549***	0.546***	0.603***	0.551***
交互项									
创新精神×上级发展性反馈						0.130***			
共享精神×上级发展性反馈							0.125***		
实践精神×上级发展性反馈								0.158***	
创业精神×上级发展性反馈									0.067*
控制变量									
性别	0.002	0.078	0.101	0.085	0.115*	0.088	0.109*	0.085	0.123*
年龄	−0.094*	−0.051	−0.043	−0.049	−0.062	−0.050	−0.049	−0.025	−0.063*
学历	0.133*	0.051	0.047	0.055	0.043	0.047	0.043	0.043	0.037
工作年限	0.090	0.082*	0.064	0.077*	0.081*	0.090*	0.074*	0.063	0.085*
职位	0.046	0.000	0.019	0.004	−0.004	−0.007	0.019	−0.005	−0.009
企业性质	−0.054*	−0.025	−0.020	−0.026	−0.028	−0.022	−0.017	−0.020	−0.024
所属行业	0.041	0.031	0.024	0.034	0.032	0.029	0.020	0.031	0.028
统计量更改									
R^2	0.046	0.532	0.523	0.491	0.522	0.557	0.547	0.522	0.528
修正的 R^2	0.032	0.523	0.514	0.481	0.513	0.548	0.537	0.513	0.518
ΔR^2	0.046	0.486	0.477	0.445	0.475	0.026	0.024	0.032	0.007
F 值	3.360**	61.192***	59.098***	51.917***	58.736***	61.192***	58.338***	52.957***	58.736***
ΔF	3.360**	251.501***	242.514***	211.690***	240.960***	28.076***	25.084***	32.230***	6.715***

注：*表示 $p<0.05$，**表示 $p<0.01$，***表示 $p<0.001$。

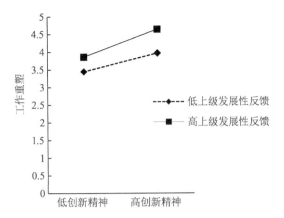

图 6-2　上级发展性反馈对创新精神与工作重塑的调节作用

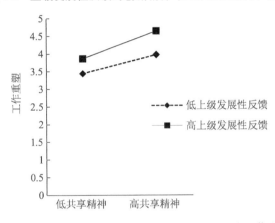

图 6-3　上级发展性反馈对共享精神与工作重塑的调节作用

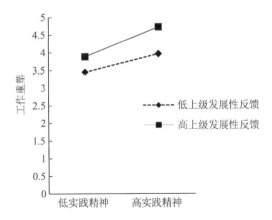

图 6-4　上级发展性反馈对实践精神与工作重塑的调节作用

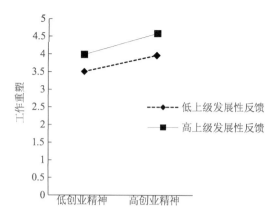

图 6-5　上级发展性反馈对创业精神与工作重塑的调节作用

六、实证研究结果汇总

针对本书构建的知识型员工创客精神、工作重塑、上级发展性反馈及员工创新行为之间的关系模型，综合运用 SPSS24.0 软件和 AMOS24.0 软件，对通过问卷调查收集到的 495 份有效问卷数据进行进一步分析。根据对假设进行检验的结果，本书梳理出创客精神与知识工作者创新行为关系模型检验结果，见表 6-8。结果表明，本书基于概念和研究模型提出的 17 条假设全部被验证。

根据假设 H1~H4 的检验结果，创客精神能够推动知识工作者实施更多的创新行为，创客精神中的创新精神、共享精神、实践精神、创业精神均对知识工作者创新行为有积极的影响。依据本书对创客精神开展的质性研究，具备创客精神的主体都具有创新、共享、实践、创业的特质，通过开展更多的创新行为推动自己和团队之间的创新和创业。

从 H5~H8 的检验结果来看，创客精神及创客精神的四个具体维度都能对知识工作者的工作重塑产生积极的影响，这进一步验证，受创客精神的影响，知识工作者更容易通过采取工作重塑的行为平衡工作任务和资源的关系，在开源、共享、实践和碰撞的平台获取创新所必需的资源，实现自己的创新和创造。

表 6-8　创客精神与知识工作者创新行为关系模型检验结果汇总

变量间关系	对应假设	检验结果
H1：创新精神对创新行为有积极的影响	H1	支持
H2：共享精神对创新行为有积极的影响	H2	支持
H3：实践精神对创新行为有积极的影响	H3	支持

续表

变量间关系	对应假设	检验结果
H4：创业精神对创新行为有积极的影响	H4	支持
H5：创新精神对工作重塑有积极的影响	H5	支持
H6：共享精神对工作重塑有积极的影响	H6	支持
H7：实践精神对工作重塑有积极的影响	H7	支持
H8：创业精神对工作重塑有积极的影响	H8	支持
H9：工作重塑对员工创新行为有积极的影响	H9	支持
H10：工作重塑在创新精神与创新行为之间起到中介作用	H10	支持
H11：工作重塑在共享精神与创新行为之间起到中介作用	H11	支持
H12：工作重塑在实践精神与创新行为之间起到中介作用	H12	支持
H13：工作重塑在创业精神与创新行为之间起到中介作用	H13	支持
H14：上级发展性反馈正向调节创新精神与工作重塑的正向关系，即当上级发展性反馈越强时，创新精神对工作重塑的影响越强	H14	支持
H15：上级发展性反馈正向调节共享精神与工作重塑的正向关系，即当上级发展性反馈越强时，共享精神对工作重塑的影响越强	H15	支持
H16：上级发展性反馈正向调节实践精神与工作重塑的正向关系，即当上级发展性反馈越强时，实践精神对工作重塑的影响越强	H16	支持
H17：上级发展性反馈正向调节创业精神与工作重塑的正向关系，即当上级发展性反馈越强时，创业精神对工作重塑的影响越强	H17	支持

本书还验证了工作重塑在创客精神和知识工作者创新行为之间的中介作用。H9 验证了工作重塑对知识工作者创新行为的积极影响。从 H10～H13 的验证结果看，工作重塑分别在创新精神、共享精神、实践精神、创业精神与创新行为之间具有中介作用。作为数字化时代创客群体通过价值共生形成的共同的精神特质，创客精神需要通过个体自发的工作重塑过程，更多地获取社会资源，优化创新思维，提升创新思路，识别创新机会，从而实施更多的创新行为。工作重塑是个体自下而上地改变工作方式方法的过程。在创客精神的影响下，个体通过工作重塑进一步增强自我效能感，形成乐观向上的态度，不断提升心理资本，从而产生积极的创新行为。

此外，从 H14～H17 的验证结果看，上级发展性反馈在创新精神、共享精神、实践精神、创业精神与工作重塑之间的调节作用得到了验证。上级发展性反馈是上级对下属的一种积极的交流形式，代表组织的关注和支持，能够影响员工的角色定位和在组织中的地位。资源保存理论认为，组织的支持是员工的自身价值资源的代表，员工会将组织的支持投入工作中以获取更多的工作业绩。在知识经济时代，草根创新逐渐成为创新的新趋势。与精英创新不同，草根阶层创新更需要来自上级的积极反馈和支持。按照特质激活理论，上级发展性反馈为个体提供了强相关信息环境，个体的特质更容易被激活，个体的特质——创客精神对工作重塑的影响更为显著，个体得到的支持和肯定就越多，越容易通过工作重塑来主动适应工作环境，获取工作资源，推动工作创新。

七、本章小结

本章采用 SPSS24.0 软件和 AMOS24.0 软件对通过问卷调查收集到的 495 份有效问卷数据进行描述性统计分析、信度分析、效度分析、Pearson 相关性分析、共同方法偏差分析、直接效应检验、中介作用检验及调节作用检验，在结果符合实证检验标准的基础上，对提出的假设进行检验。研究结果表明，本书提出的 17 条假设都得到了数据支持，很好地支撑了分析模型，说明本研究提出了合理的理论分析框架，本研究的理论模型具有较高的稳健性。与此同时，本章的研究结论也为后续研究提出知识工作者创新行为的引导策略奠定了基础，指明了方向。

第七章　知识工作者创新行为引导策略

在面临强化科技创新和推动经济高质量发展的双重背景下，各级组织如何充分认识经济发展面临的不确定性和知识工作者的个性，进一步激发知识工作者的创新活力，推动知识工作者更多地实施创新行为和创新性地开展工作是推动各组织和经济体创新发展、提高创新绩效、提升经济活力的关键所在。依据本书前文的质性分析和实证研究，笔者认为我们应充分做好知识工作者创客精神的培育，做好知识工作者的工作重塑，提升管理者上级发展性反馈认知与能力。

本书的数据显示，在被调查者中，年龄处于31~35岁的最多，占样本总量的67.9%。这一数据与目前中国的知识工作者中从事创新工作的人群比例较吻合。这部分群体知识水平总体较高，思想活跃，有较高的理想追求，在相应的组织或者企业中是重要的创新者。这部分群体具有较高的创新意识和冒险精神，具备积极探险的特质，这些素质使得他们在创新创业的过程中愿意投入较多的精力和热情，他们往往具有较高的创造力，能够产生较多的创新行为。具有创造力的个体往往善于发现新问题，并努力加以研究，积极尝试用新的方案解决发现的新问题，在解决问题的基础上进一步促进个体和组织的创新发展。本研究还进一步指出，工作重塑在创客精神和知识工作者创新行为之间具有中介效用。知识工作者身上体现出的创新精神、共享精神、实践精神和创业精神越明显，该个体越容易产生工作重塑的行为，越容易根据自身能力与偏好做出一系列有利于工作开展的主动行为。依据前文研究的结果，本书归纳出知识工作者创新行为的影响机制，如图7-1所示，本章在此基础上提出了一系列提升创新行为的引导策略。

一、基于创客精神的知识工作者创新行为引导策略

创客精神相关理论在中国的发展滞后于创客实践的发展。本书证实了创客精神中的创新精神、共享精神、实践精神和创业精神均对知识工作者创新行为

具有正向影响效应（H1~H4 假设成立）；创客精神中的创新精神、共享精神、实践精神、创业精神均对工作重塑具有正向影响效应（H5~H8 假设成立）。创客精神源自创客创新和创业的实践，是实践发展的产物。本书通过实证证明，创客精神对激发知识工作者实施创新行为具有重要的作用。

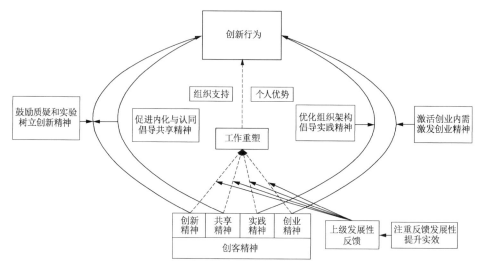

图 7-1 知识工作者创新行为影响机制

（一）鼓励质疑和实验，树立创新精神

根据本书的实证研究，创客精神的四个维度对创新行为均有正向影响作用。创新精神正向影响创新行为（$\beta = 0.481$，$p < 0.001$），知识工作者的创新意识越强，越容易激发其对创新工作的热情，进而激励员工实施创新行为。根据丹娜·左哈尔（2017）的理论，人脑是人进行思维的器官，人的思维有三个独特的表现形式[246]：第一种是逻辑、守则和理性思维，这类思维能够创造范畴和概念；第二种是联想思维，联想思维与人们的记忆、情绪、情感有关，跟人们思维中的其他元素形成联想；第三种是反思思维和创造性思维，反思思维和创造性思维注重打破旧的规则、创立新规、识别并质疑一些假设和公认的认知模式。创新精神鼓励质疑和实验，属于第三种思维，即反思思维和创造性思维。树立创新精神，就是要倡导反思思维活动和创造性思维活动，鼓励创新、质疑和实验。企业管理者要进一步完善鼓励创新组织结构设计，弘扬创客精神中的创新精髓，让创客的创造性工作对其他员工的创造性工作产生"涓滴效应"。海尔集团倡导的"每个员工都是创客"是树立创客精神的典型案例。此外，企业和管理者还要积极构建"容错机制"，特别是要构建"创新容错激励机制"。构建创新容错机制能够削弱和消解创新风险，激发更多的创新行为，

鼓励知识工作者再次进行创新。

（二）促进内化与认同，倡导共享精神

共享精神正向影响创新行为（$\beta=0.532$，$p<0.001$），知识工作者的共享意识越强，越能够促进知识在企业内部的共享与传递，为知识工作者实施创新行为和实现创新提供更丰富的资源。费孝通将西方社会比作人们在田里捆柴，人们容易以捆状聚集，而东方社会的聚集模式更多地以波形呈现。西方国家的创客精神也强调开源和共享，但这种共享是对部分开源软件和代码的共享，在工具层面使得发明创造得以顺利实施。而以波形聚集的东方社会中的共享精神是典型的融合共生，你中有我，我中有你，这既体现为一种文化，更体现为对群体智慧和价值观的内化与认同，对共享和融通的交流方式与工作方式的重视。中国创客群体的共享精神，主要包含知识共享、群体智慧共享和创新资源共享的精神。本书的实证研究表明，共享精神对创新行为有非常显著的正向促进作用。企业和管理者要注重倡导共享精神，努力克服传统封闭创新模式下资源约束的弊端，促进企业员工对集体智慧和价值观的内化与认同，形成以间接互惠为核心的知识共享氛围，构建"融通智慧，共享资源"的开放性创新模式，从而进一步提升知识工作者的创新行为和创新绩效。

（三）优化组织架构，倡导实践精神

实践精神正向影响创新行为（$\beta=0.507$，$p<0.001$），这表明，知识工作者的实践意识越强，越能够对现有事物进行思考批判，更好地提升自己、发展自己，越能实施更多的创新行为。实践是马克思主义理论的重要概念，在人们的生产和生活中有着举足轻重的作用。在创客精神和创新行为的相关研究中，实践精神主要指从实践中认识新现象，探索新规律，再将其运用到实践中解决实际问题的精神和态度；还体现为企业员工锚定目标、苦干实干的精神。科学研究、科技发明创造的价值在于坚持成果导向和应用导向，强调解决实际问题。一方面，实践精神强调尊重事实，勤于实践，积极投身实践，从实践中观察现象，探求规律，实现产品和技术创新；另一方面，强调在实践中产生更多的新理论，推动生产和实践的变化和革新。依据本书的研究，对于企业和管理者而言，应当科学地设置企业和组织的架构，合理调整员工的权力距离，正确处理集权与授权的关系，充分发挥领导者的权威和示范效应，让更多的知识工作者具备实践精神，积极投身实践，进一步激发知识工作者创新行为。

（四）激活创业内需，激发创业精神

创业精神正向影响创新行为（$\beta=0.435$，$p<0.001$），这表明，员工的创业意识越强，越容易实施创新行为。该结论证实了员工通过提高自身的创业精神，能够对其创新行为产生显著正向影响。现有的研究表明，人们创业出于三

个动机：第一是机遇；第二是才能；第三是创业的内在需求，即创业的精神。其中，基于内在需求的创业动机能够主动认识到现有的产品和服务的不完善之处，并通过创业为其添加新的内容来弥补缺憾。基于内在需求的创业者，具有强烈的破除陈规、废旧创新的思维和意识，以及主动创新的意愿，更容易采取创新的行为模式开展工作，实施更多的创新行为。企业和管理者要通过进一步改进和完善资源供应、主管支持等方面的实践，营造创业氛围，推进组织赋权，不断提升企业的创业导向水平，积极为知识工作者提供创业机会和打造创业平台，并为其创新和创业提供必要的资源条件，提升其心理授权，从而促进知识工作者的创新行为。

二、基于工作重塑的知识工作者创新行为引导策略

本书实证部分充分表明，创客精神对工作重塑有正向促进作用。工作重塑对知识工作者创新行为具有正向影响效果（H9 成立）。这表明，知识工作者的工作重塑能力越强，越能利用自身优势去适应动态环境，从而更具有创造性思维，实施更多的创新行为。该结论证实了知识工作者通过提高自身的工作重塑能力，能够对其创新行为产生显著正向影响。

工作重塑分别在创新精神与知识工作者创新行为、共享精神与知识工作者创新行为、实践精神与知识工作者创新行为、创业精神与知识工作者创新行为之间起中介作用（H10~H13 假设成立）。这表明，创客精神通过工作重塑能够进一步提升知识工作者的创新行为。同时，工作重塑部分的中介作用也暗示了创新精神与创新行为、共享精神与创新行为、实践精神与创新行为、创业精神与创新行为之间存在其他中介变量的可能。基于以上研究，本书提出应重视发挥工作重塑的作用，形成基于工作重塑的知识工作者创新行为的引导策略。

（一）**实施工作重塑组织干预，形成提升创新行为的组织支持**

工作重塑是一切组织工作中不可避免的现象，积极的工作重塑会激励知识工作者的创新行为，提高组织的创新绩效，提升组织的运行效率，推动组织的创新发展；工作重塑是个体的自发变革行为，具有一定的自主性和盲目性，必须通过实施工作重塑的组织干预来提升工作重塑的效果。

工作重塑理论将知识工作者视为独立的具有相当的主观能动性的个体，而不是被动的接受者和执行者。知识工作者在围绕工作要求和工作资源的平衡做出的一系列改变过程中创造力得以提升。在工作重塑过程中，知识工作者要平衡工作中的物质资源、组织资源甚至心理资源，使这一系列资源有利于自身工作目标的实现，在使其进步的同时促进组织的发展；在工作重塑过程中，来自组织、国家和社会的要求和压力会给知识工作者的敬业度、创新行为等带来不确定性的影响，如果处理不慎，会造成内卷，影响其创新行为。因此，重视引导知识工作者的工作重塑组织干预，提升工作重塑的效果非常重要。

组织的工作重塑干预主要侧重于做好工作重塑的集体培训工作，为个体的工作重塑提供激励和引导，具体应从以下三个方面展开：

第一，开展工作重塑工作坊，向组织成员阐明工作重塑的概念和基本方法，鼓励其从工作、任务和关系的角度制订好个人的重塑计划。

第二，实施总体组织干预，推动组织成员落实工作重塑计划，通过定期总结和交流的形式反思工作重塑过程中出现的问题并提出解决方案。

第三，制定科学的工作重塑评价反馈机制，定期评价工作重塑组织干预效果，并及时反馈和修正组织干预方案。

（二）开展个人工作重塑干预，发挥提升创新行为的个人优势

个人工作重塑干预（Personal Development Crafting Intervention，PDCI）是Schoberova（2015）提出的一种针对个人的工作重塑干预策略[247]。工作重塑干预策略要求企业和管理者主动参与员工的工作重塑过程，积极评价员工的优势与劣势，积极与员工沟通组织的愿景和目标，主动采取支持或不支持员工重塑的干预行动。足够的工作主权是个体进行工作重塑的基本条件，组织管理者在提供个人干预的过程中还应为个体提供一个有利的工作环境，采取合理的领导方式为个体营造一个自主宽松的氛围。本书认为，可进一步通过培育个人的创客精神来干预个人的工作重塑，以促进创新行为。

依据资源保存理论和本书对工作重塑的研究，创客精神对知识工作者工作重塑的影响主要体现在知识工作对相关工作资源的获取、保存、应用。通过创客精神的培塑和引领对个人工作重塑的干预主要体现在以下三个方面：

第一，创客精神可以促进知识工作者具有更多获取结构性工作资源的机会。具有创客精神的个体能更主动地获取多样性的资源，以赢得更多的发展机会。

第二，拥有创客精神的个体具有较强的共享精神和实践精神，更容易获取社会性工作资源，更容易得到更多的上级和社会支持。

第三，创客精神充分强调实践的作用，强调从实践中发现问题，并通过创新的方法解决实践问题。因此，具有创客精神的人更倾向于开展挑战性工作，主动寻求挑战，通过不断尝试新事物、迎接新挑战的重塑提升自身竞争性资源的获取能力。

三、基于上级发展性反馈的知识工作者创新行为引导策略

上级发展性反馈分别对创新精神与工作重塑、共享精神与工作重塑、实践精神与工作重塑、创业精神与工作重塑之间起到正向的调节作用（H14～H17成立）。这表明，上级发展性反馈越多，创新精神、共享精神、实践精神及创业精神对工作重塑的促进效用越强。该结论进一步证实了上级发展性反馈在一定程度上会影响创客精神对工作重塑的功效，当上级发展性反馈较多时，更容易激活具有创客精神的知识工作者的个体特质，在"心动"的基础上采取积极的"行动"策略，积极开展工作重塑。本书认为，应当充分重视上级发展性反馈对激励知识工作者创新行为的作用，重点提升企业和管理者上级发展性反馈的认知与能力。

（一）转变上级发展性反馈的反馈方式，注重提升反馈的发展性

创新是一种复杂的具有探索性和一定风险性的活动，从有创新的想法到实施创新的行为并产生创新成果是一个艰巨而又复杂的实践过程。创新过程就是以有限知识探索未知领域的过程。创新过程中难免会遇到很多困难和不确定性因素，因此部分组织成员和企业员工对创新行为存在抵触情绪。有研究表明，上级的反馈对员工从事相关工作的心理安全具有显著影响，来自上级的发展性反馈有利于消除员工从事有挑战的工作时的畏惧心理情绪，因此本书提出要积极转变反馈方式，提升反馈的发展性。

上级发展性反馈要从西方绩效管理体系中以考核为宗旨的绩效反馈形式中走出来，结合中国管理情境，继承和发扬中华优秀传统文化，尊重传统文化特质，有效运用发展性反馈来帮助和启迪员工的成长，以肯定性的评价鼓励员工积极培塑创客精神，开展积极的工作重塑，激发员工突破定式思维，积极从事创新，产生创造性灵感，采取积极的创新行为。

（二）关注中国情境，注重提升反馈的实效

关注上级发展性反馈的调节作用，应更多关注和结合中国文化，注重立足中国实际解决本土问题，如进一步关注中国传统"中庸"的文化特质，关注中国人长期以来形成的内敛和含蓄的语境特色，有针对性地向知识工作者提供发展性反馈，鼓励知识工作者实施工作重塑，从而进一步激励知识工作者的创新行为。

四、立足中国情境，多渠道培塑中国创客精神

追求创新，崇尚"双创"社会环境是创客精神形成的重要土壤。中国改革开放40多年来的建设和发展的实践表明，中国的创新实践经历了"技术引进—二次创新—组合创新—全面创新"的发展阶段。中国知识工作者的创新

之路也经历了"学习—模仿—创新—自主创新"的发展过程。中国正处在从"中国制造"向"中国创造"的重要过渡期。这一系列实践为中国创客精神的形成和发展提供了丰富的实践基础。

此外，在中国传统文化中，革故鼎新的创新精神、自强不息的创业精神和实践精神都为中国创客精神的发展提供了丰富的文化土壤和精神内核。本书认为，应该充分挖掘中国传统文化中关于创新发展的积极因素，充分融合西方文化追求独特和创意的内涵和要求，形成多元文化充分融合的社会文化环境，为创客精神的进一步发展提供强大的文化理论支撑。培养知识工作者的创客精神离不开与之相适应的社会文化环境和价值体系：要努力营造鼓励质疑、允许试错、鼓励创新的社会文化环境；各级组织要树立鲜明的重视创新的价值导向，充分发掘和尊重创新人才，包容创新过程中的失败，树立以创客精神为核心的价值观，让更多的人在创新、共享、实践、创业的过程中找到人生的发展方向。

受中国的传统文化的影响，创客精神在中国的发展具有与西方不同的发展方向和鲜明特征。创客精神能鼓励知识工作者的创新行为，影响企业和组织的创新发展。具有创客精神的员工，勤于实践、敢于创新、乐于分享，永远保持创业的激情，是企业和组织创新发展的重要基础。在推动中国经济高质量发展的大背景下，中国知识工作者创客精神的培塑需要方方面面的努力，要善于发掘和利用中国传统文化的精髓，更要通过价值观念、行为规范等的更新和塑造形成强大的创客文化氛围，促进创客精神的发展，激发更多的知识工作者以创客姿态参与到这场草根创新的浪潮中，为社会的创新发展源源不断地注入新鲜血液。

不同国家和地区的创客精神具有深厚的历史文化渊源，而这种历史文化渊源深刻影响着创客文化和创客精神的发展。国际创客运动的发展和创客文化的形成最早源于英国创意产业的发展，西方文化的特质是追求单个人的"个人文化"，凸显对个人英雄主义的追求，在创新创造方面更加注重个人创造力和个人创造技能的发挥。在创客精神和创客文化的形成方面，西方更加侧重创客个人的创新和创造，注重创客作为创新个体本身的独立精神和独创性作用的展现和发挥。

与西方的文化相比，中国的文化有着深厚的历史渊源，"革故鼎新""先王之法不可法"等传统文化体现的求变精神，为创新文化奠定了深厚的基础。但中国文化为代表的东方文化的特质是"强调复数的人的'从文化'"[248]。西方文化强调独创精神，崇尚在打破既定的框架和思路的基础上进行知识革命和技术创新，有利于迸发出原始创新的成果。中国以"从文化"为特征的创新文化，强调跟随和听从，取长补短，长期以来在普及性大规模技术生产和集中力量追赶和超越式发展方面体现出了强大的文化优越性。此外，中国的创新文化还充分体现了对群体利益的关注，中国创新文化的发展和繁荣是以关注民生大众的生存和发展利益为显著的价值追求的。"大众创业，万众创新"理念的提出，不仅关注创新型成果的产生，还注重通过创新形成大众创业的发展态势，从而加快构建社会发展、人民富裕的经济社会发展形态。

创客精神和创客文化在知识工作者的创新活动中具有社会资本的功能。社会资本理论指出：社会资本是促进和推动人与人之间展开合作的非正式规范，是一种重要的生产要素，能够为创客主体之间的合作和协同提供信任和支持。而中国传统文化关注群体利益和集体利益的根本特征，传递了共享的价值观和合作的理念，使中国的知识工作者之间的充分开源、共享和合作成为可能。而开源、共享和合作会降低创新的成本，使知识工作者从事创新活动变得更为便利。

总而言之，将中国传统文化、创新理念与培育中国知识工作者的创客精神相融合，可以有效提升知识工作者的创新能力和创新意识，进一步培育组织创新发展的内生动力。

将中国文化融入现代创客精神塑造，应从以下三方面着手：

第一，地方政府应积极挖掘和提炼传统文化特别是地方传统商业文化和创新文化中的精髓和有重大指导意义的元素，将中国传统文化中的创新文化、集体文化等与现代创客精神的培塑相结合，扎根中国大地，培育适合中国国情和国家创新发展战略需求的创客精神。

第二，要进一步优化知识工作者创新发展的成长环境，形成崇尚创新、乐于实践、善于分享、勇于创业的创新型人才成长发展的社会氛围。创客精神源自对创客实践的凝练、总结和反思，要通过知识工作者的实践和研究，不断深化当代创客精神的内涵，丰富创客精神的外延。

第三，在创客运动发展缓慢，创客精神和创客文化发展相对落后的地区，应当积极鼓励创客运动的跨地区发展和跨区域交流，构建"创客典型示范，创新氛围引领，创新产业带动"的区域创新产业发展新格局，推动创客精神在各地区的培塑和发展。

五、本章小结

本章在前文系统研究中国创客精神的内涵和特征的基础上，开展知识工作者创新行为引导策略研究。本章进一步提出了基于创客精神的知识工作者创新行为引导策略，通过鼓励质疑和实验，发挥创造性工作的"涓滴效应"，构建

"创新容错激励机制"；重视融通和共享，促进员工对集体智慧和价值观点的内化与认同，形成以间接互惠为核心的知识共享氛围；优化组织结构，合理调整员工权力距离，正确处理集权与授权的关系，发挥领导者的权威和示范效应，让更多的人投身实践；激活创业内需，通过改进和完善资源供应、主管支持等推进组织赋权，营造创业氛围，提升企业创业导向水平等四个方面进一步促进知识工作者的创新行为。本章还指出，要充分结合工作重塑和上级发展性反馈，通过实施工作重塑的组织干预和个人干预，立足中国情境，积极转变上级发展性反馈方式，提升上级发展性反馈实效，不断引导和激励知识工作者实施创新行为。

第八章　结论与展望

推动知识工作者实施积极的创新行为，不仅是 21 世纪提升知识工作者工作绩效的重要手段和方法，更是进一步推动组织和企业实现创新发展的重要举措，是新时期积极推动创新创业新发展、促进经济转型升级、实现我国经济高质量发展的关键所在。本书从创客精神入手，以当下中国典型的知识工作者为研究对象，深入探讨中国创客精神内涵和时代特征，进一步研究中国知识工作者创新行为的作用机理、作用路径和演化规律，揭示关键影响因素，进而提出引导知识工作者创新行为的对策和建议。本章首先对全书进行总结，然后对本研究所存在的不足进行描述，最后提出相应的后续研究方向。

一、研究的主要结论

本研究在梳理国内外相关研究文献的基础上，基于知识工作者相关理论、社会资本理论、资源保存理论及特质激活理论，结合中国知识工作者的典型代表——新时代创客群体，运用扎根理论开展中国情境下创客精神的相关研究。本书通过开展质性分析，对 49 个典型的中国创客案例进行分析，提炼出中国创客精神的四个维度；结合相关文献，提出了知识工作者创新行为的理论模型和研究假设。本研究采用结构方程模型分析方法和因子分析方法，分别对创客精神与创新行为的相关作用进行了分析，并进一步指出工作重塑在创客精神与创新行为之间具有中介作用，上级发展性反馈在创客精神与工作重塑之间具有调节作用，验证了研究假设，揭示了知识工作者在从事创新过程中相关因素对其创新行为的作用机理和作用路径。在此基础上，遵循"文献研究→现状调研→理论推演→实证检验→对策建议"逻辑递进的研究思路，进一步提出了知识工作者创新行为的引导策略。本书得出的主要结论如下：

第一，构建了创客精神的质性研究框架，通过质性研究进一步凝练中国创客精神的内涵和维度。研究了创客精神的起源与演化，指出创客精神是数字时代创客群体价值共生而形成的稳定的价值体系和观念，创客精神的内核是随着经济社会的发展而不断变化的，当代创客精神是在自由的环境下以创客为主体，以创新为核心，乐于共享、勤于实践的品质。本书还重点研究了中国情境下创客精神的维度，通过质性研究方法，运用扎根理论分析中国情境下创客的典型案例，凝练出中国情境下知识工作者创客精神的四个维度，即创新精神、共享精神、实践精神、创业精神。

第二，构建了知识工作者创新行为研究的理论框架。本书通过对社会资本理论的系统研究，进一步揭示了基于社会资本理论的创客精神的生成机制及其对创新行为的影响作用，指出创客精神是认知维度和关系维度的社会资本。社会资本的产生建立在社会网络的基础上，是一种社会内部的信任、网络与规范，创客精神是长期以来创客在从事以创新为代表的创客运动的过程中通过价值共生形成的内部信任与规范，创客精神作为一种社会资本，对创客的创新行为具有深远的影响。本书进一步提出了创客精神对知识工作者创新行为和创新绩效促进和提升的机理，还重点探讨了资源保存理论和特质激活理论。依据资源保存理论及其推论，提出工作重塑在创客精神和知识工作者创新行为之间的中介效用；依据特质激活理论，进一步指出上级发展性反馈在创客精神与工作重塑之间的调节效应。通过系列理论的研究构建了全域性、系统性的理论分析框架，以及知识工作者创新行为的研究理论框架和分析模型。

第三，系统研究了创客精神对知识工作者创新行为的影响机理和作用功效。本书在科学界定创客精神四个维度的基础上，首次开展创客精神的实证分析，研究创客精神与知识工作者创新行为的关系。依据知识工作者创新行为的理论框架，构建了创客精神与知识工作者创新行为的关系模型，提出了17对假设，根据研究假设构建了创客精神与知识工作者创新行为的调查问卷。在开展问卷调查搜集数据的基础上，通过使用 SPSS 和 AMOS 分析工具对调查数据进行了分析，检验了17对假设。实证研究结果表明，创客精神对知识工作者创新行为有正向促进作用，创客精神的创新精神、共享精神、实践精神、创业精神均对知识工作者创新行为有正向影响，工作重塑在创客精神与创新行为之间发挥中介作用，上级发展性反馈对创客精神与工作重塑有调节作用。

第四，提出了知识工作者创新行为的引导策略。本书通过研究指出，通过四个方面进一步促进知识工作者的创新行为：鼓励质疑和实验，发挥创造性工作的"涓滴效应"，构建"创新容错激励机制"；重视融通和共享，促进员工对集体智慧和价值观点内化与认同，形成以间接互惠为核心的知识共享氛围；优化组织结构，合理调整员工权力距离，正确处理集权与授权的关系，发挥领导者的权威和示范效应，让更多的人投身实践；激活创业内需，通过改进和完善资源供应、主管支持等推进组织赋权，营造创业氛围，提升企业创业导向水平。同时，本书依据实证分析还指出，要充分结合工作重塑和上级发展性反馈，通过实施工作重塑的组织干预和个人干预，立足中国情境，积极转变反馈方式，提升上级发展性反馈实效等措施，进一步引导和激励知识工作者实施创新行为。

二、研究展望

由于本研究课题的复杂性，加上研究者能力有限，研究过程难免会出现不完备之处，针对本研究存在的不足，提出后续的研究方向。

（一）问卷样本的局限性

本研究所搜集到的数据主要是通过问卷调查法来获得的，虽然研究者已经从多方面搜集相关数据来满足研究分析的要求，但是受客观因素的影响和限制，一方面，本次调查所覆盖的样本面依然较窄；另一方面，对调查对象——知识工作者要进一步研究和甄别内涵和外延，从而提高问卷的针对性。本研究选取的调查对象较为宽泛，按照本研究对知识工作者的定义，笼统地将"掌握知识，将知识运用于工作解决实际问题的人"作为调研对象，没有对调查对象进行细分，在一定程度上会对结论造成影响。因此，后续研究可在扩大调查样本的同时，深入开展知识工作者的研究，从而增强研究结论的普适性。

（二）样本的系统性误差

尽管本研究所获取的有效问卷数量符合实证研究的标准，但本研究主要通过问卷调查的方式获取数据。由于被调研对象的认知有限，或者被调研对象在填写数据时的笔误，容易造成系统性误差，从而影响实证分析的结果。因此，在后续研究中，应尽可能地在采用问卷数据的基础上，增加政府、相关企业等机构提供的统计数据和行政数据，如专利、软件著作权等客观数据，以保证数据的精准和全面，提高实证分析的准确性和科学性。

参考文献

［1］Peter F. Drucker. Landmarks of Tomorrow：A Report on the New Post Modern World［M］. New York：Routledge，1996.

［2］Peter F. Drucker. Management Challenges for the 21st Century［M］. London：Routledge，2007.

［3］张惠琴，宋丽芳，王伟. 变革型领导行为与知识型员工创新行为的关系研究［J］. 领导科学，2014（29）：42-45.

［4］李振华，任叶瑶. 双创情境下创客空间社会资本形成与影响机理［J］. 科学学研究，2018，36（8）：1487-1494.

［5］孙锐，石金涛. 企业创新组织行为影响因素研究评述［J］. 中国人力资源开发，2006（7）：14-32.

［6］Yau J. W. Defining Knowledge Work［D］. New York：Department of Computer Science at the University of York，2003.

［7］Davenport T. H，Jarvenpaa S. L，Beers M. C. Improving processes for knowledge work［J］. MIT Sloan Management Review，1996，26(10)：14-23.

［8］Sumanth D. J. Productivity Engineering And Management［M］. New York：McGraw-Hill Book Company，1984.

［9］Helton B. R. Achieving White Collar Whitewater Performance by Organizational Alignment［J］. National Productivity Review，1991，10（2）：227-244.

［10］Zidle，Marcia. Retention Hooks for Keeping Your Knowledge Workers［J］. Manage，1998，50(1)：21.

［11］Pugh K，Prusak L. Designing Effective Knowledge Networks［J］. MIT

Sloan Management Review，2013，55（1）：79-88.

［12］Cortada J. W. Rise of the Knowledge Worker［M］. Oxford：Butterworth-Heinemann，1998：1-9.

［13］Schultz R. The Production and Distribution of Knowledge in the United States by Fritz Machlup［J］. American Economic Review，1963，53（4）：836-838.

［14］Pöyriä，Pasi. The Concept of Knowledge Work Revisited［J］. Journal of Knowledge Management，2005，9（3）：116-127.

［15］Staats B. R，Brunner D. J，Upton D. M. Lean Principles，Learning，and Knowledge Work：Evidence from a Software Services Provider［J］. Journal of Operations Management，2010，29（5）：376-390.

［16］Ellis G. Creating Value from Knowledge Work［J］. Improve：The Next Generation of Continuous Improvement for Knowledge Work，2020：41-49.

［17］Palvalin M. What Matters for Knowledge Work Productivity［J］. Employee Relations，2019，41（1）：209-227.

［18］孙锐，陈国权. 知识工作、知识团队、知识工作者及其有效管理途径：来自德鲁克的启示［J］. 科学学与科学技术管理，2010（2）：189-195.

［19］杨文彩，易树平，张晓冬，等. 知识工作者工作效率影响因素及其作用机理分析［J］. 重庆大学学报（自然科学版），2006，29（7）：10-13.

［20］王大群. 基于复杂系统理论的知识工作及其生产率研究［D］. 上海：东华大学，2012.

［21］艾娟. 知识工作的界定及其生产率问题的实证研究［D］. 上海：东华大学，2004.

［22］王方华，等. 知识管理论［M］. 太原：山西经济出版社，1999.

［23］齐建国，等. 知识经济与管理［M］. 北京：社会科学文献出版社，2001.

［24］吴季松. 知识经济学：理论、实践和应用［M］. 北京：北京科学技术出版社，1999.

［25］彼得·德鲁克. 巨变时代的管理［M］. 朱雁斌，译. 北京：机械工业出版社，2019.

［26］马克卢普. 美国的知识生产与分配［M］. 孙耀君，译. 北京：中国

人民大学出版社，2007.

［27］Quinn J. B，Anderson P，Finkelstein S. Managing Professional Intellect：Making the Most of the Best［J］. Hanard Business Review，1996，74（2）：71-80.

［28］Levitt B，James G. M. Organizational Learning［J］. Annual Review of Sociology，1988，14（1）：319-340.

［29］弗朗西斯·赫瑞比. 管理知识员工：挖掘企业智力资本［M］. 郑晓明，等译. 北京：机械工业出版社，2000.

［30］杨林. 中国企业管理水平现状分析及对策探究［J］. 巢湖学院学报，2003，5（1）：28-34.

［31］鲁迪·拉各斯，丹·霍尔特休斯. 知识优势：新经济时代市场制胜之道［M］. 吕巍，吴韵华，蒋安奕，译. 北京：机械工业出版社，2002.

［32］科塔达. 知识工作者的兴起［M］. 王国瑞，译. 北京：新华出版社，1999.

［33］Backlander G，Rosengren C，Kaulio M. Managing Intensity in Knowledge Work：Self-leadership Practices among Danish Management Consultants［J］. Journal of Management & Organization，2021，27（2）：342-360.

［34］Wadei K. A，Lu C，Wu W，Unpacking the Chain Mediation Process between Transformational Leadership and Knowledge Worker Creative Performance：Evidence from China［J］.Chinese Management Studies，2021，15（2）：483-498.

［35］Razzaq S，Shujahat M，Hussain S，et al. Knowledge Management，Organizational Commitment and Knowledge-worker Performance：The Neglected Role of Knowledge Management in the Public Sector［J］.Business Process Management Journal，2019，25（5）：923-947.

［36］Shujahat M，Wang M，Ali M，et al. Idiosyncratic Job-design Practices for Cultivating Personal Knowledge Management among Knowledge Workers in Organizations［J］.Journal of Knowledge Management，2020，25（4）：770-795.

［37］Kidd A. The Marks are on the Knowledge Worker［A］. CHI 9th Proceedings of the SIGCHI Conference on Human Factors in Computing Systems［C］. 1994：186-191.

［38］Rodriguez Y. R. Defining Measures for the Intensity of Knowledge Work in Tasks And Workers[D].The University of Wisconsin-Madison, 2006.

［39］杨杰，凌文轻，方俐洛．关于知识工作者与知识性工作的实证解析［J］.科学学研究，2004，22（2）：190-196.

［40］黄卫国，宣国良．关于知识工作者生产率测评研究［J］. 中国人力资源开发，2006（5）：12-16.

［41］屠海群.从人性立场和知识资本理论透视知识工作者内涵及其二重性特征［J］.经济师，2000（12）：14-16.

［42］彭庆华．知识工作者管理模式研究［D］.北京：北京交通大学，2009.

［43］陈丽萍．论知识工作者管理［D］.苏州：苏州大学，2003.

［44］Christensen C. M. The Innovator's Dilemma：When New Technologies Cause Great Firms to Fail[J]. R&D Management, 1999, 29：94-95.

［45］Schumpeter. The Theory of Economic Development [M]. Cambridge Mass：Harvard University, 1934.

［46］Van de Ven, Andrew H. Central Problems in the Management of Innovation[J]. Management Science, 1986, 32(5)：590-607.

［47］Shalley C. E. Effects of Coaction, Expected Evaluation, and Goal Setting on Creativity and Productivity[J]. The Academy of Management Journal, 1995, 38 (2)：483-503.

［48］Kanter R. M. When a Thousand Flowers Bloom：Structural, Collective, and Social Conditions for Innovation in Organizations[J]. Research in Organizational Behavior, 1988(10)：169-211.

［49］West M. A, Anderson N. R. Innovation in Top Management Teams[J]. Journal of Applied Psychology, 1996, 81(6)：680-693.

［50］Damanpour F. Organizational Innovation：A Meta-analysis of Effects of Determinants and Moderators [M]. Organizational Innovation. Routledge, 2018：127-162.

［51］Scott S. G. Bruce R. A. Determinants of Innovative Behavior：A Path Model of Individual Innovation in the Workplace[J]. Academy of Management Journal, 1994, 37(3)：580-607.

［52］ Zhou J, George J. M. When Job Dissatisfaction Leads to Creativity： Encouraging the Expression of Voice［J］. Academy of Management Journal, 2001, 44 (4)： 682-696.

［53］ Janssen O. Job Demands, Perceptions of Effort-reward Fairness and Innovative Work Behaviour ［J］. Journal of Occupational and Organizational Psychology, 2000, 73(3)： 287-302.

［54］ Kleysen R. F, Street C. T. Toward A Multi-dimensional Measure of Individual Innovative Behavior［J］. Janual of Intellectual Capital, 2001, 2(3)： 284-296.

［55］ Amabile T. M, Hill K. G, Hennessey B. A, et al. The Work Preference Inventory： Assessing Intrinsic and Extrinsic Motivational Orientations［J］. Journal of Personality and Social Psychology, 1994, 66(5)： 950-967.

［56］ Spreitzer G. M. Psychological Empowerment in the Workplace： Dimensions, Measurement, and Validation［J］. Academy of Management Journal, 1995, 38(5)： 1442-1465.

［57］ Amabile T. M, Conti R, Coon H, et al. Assessing the Work Environment for Creativity［J］. The Academy of Management Journal, 1996, 39(5)： 1154-1184.

［58］ Sternberg R. J. The Concept of Intelligence and its Role in Lifelong Learning and Success［J］. American Psychologist, 1997, 52(10)： 1030-1037.

［59］ Isen A. M. Positive Affect［M］. John Wiley &Sons Ltd, 2005.

［60］ Coyle-Shapiro J, Kessler L. Consequences of the Psychological Contract for the Employment Relationship： A Large Scale Survey［J］. Journal of Management Studies, 2000, 37(7)： 903-930.

［61］ Guest D. E. Is the Psychological Contract Worth Taking Seriously? ［J］. Journal of Organizational Behavior, 1998, 19(1)： 649-664.

［62］ Scott R. K. Creative Employees：A Challenge to Managers［J］. Journal of Creative Behavior, 1995, 29(1)： 64-71.

［63］ Sternberg R. J. Thinking Styles［M］. Cambridge University Press, 1999.

［64］ Perry-Smith J. E. Social Yet Creative： The Role of Social Relationships in Facilitating Individual Creativity［J］. Academy of Management Journal, 2006, 49

（1）：85-101.

［65］Pate J. The Changing Contours of the Psychological Contract：Unpacking Context and Circumstaces of Breach［J］. European Journal of Training and development，2006，30（1）：32-47.

［66］Wang H，Jiang K，Hu C，et al. How Does Enterprise Social Software Impact on Employees' Innovation Behavior? The Role of Symbolic Capital［J］. European Journal of Business and Management，2018，10（3）：50-66.

［67］Janssen O. Fairness Perceptions as a Moderator in the Curvilinear Relationships between Job Demands，and Job Performance and Job Satisfaction［J］. Academy of Management Journal，2001，44（5）：1039-1050.

［68］Su W. L，Lin X. Q. The Influencing of Supervisor Developmental Feedback on Employee Innovation Behavior—the Effect of Core Self-evaluation and Work engagement［J］. Science and Technology Progress and Policy，2018，4（35）：101-107.

［69］Zhu Z. B，Chen L. L，Liang Y，et al. The Impact of Implicit Followership Theories on Employees' Innovation Behavior：Moderating Effect of Intrinsic Motivations and Mediating Effect of Supervisor Support［J］. Human Resources Development of China，2017（7）：16-24.

［70］Bourini I. The Effect of Supportive Leader on Employees' Absorptive Capactive Towards Innovative Behaviour［J］. International Journal of Innovation Management，2021，25（1）：1-25.

［71］Bunce D，West M. Changing Work Environments：Innovative coping Responses to Occupational Stress［J］. Work & Stress，1994，8（4）：319-331.

［72］Perry-Smith J. E，Shally C. E. The Social Side of Creativity：A Static and Dynamic Social Network Perspective［J］. Academy of Management Review，2003，28（1）：89-106.

［73］Ramamoorthy N，Flood P. C，Slattery T，et al. Determinants of Innovative Work Behaviour：Development and Test of an Integrated Model［J］. Creativity and Innovation Management，2005，14（2）：142-150.

［74］Krause D. E. Influence-based Leadership as A Determinant of the

Inclination to Innovation-related Behaviors An Empirical Investigation［J］. The Leadership Quarterly，2004，15（1）：79-102.

［75］李佳宾，汤淑琴. 新企业知识共享、员工创新行为与创新绩效关系研究［J］. 社会科学战线，2017（9）：246-250.

［76］蔡建群. 管理者——员工心理契约对员工行为影响机理研究［D］. 上海：复旦大学，2008.

［77］刘云，石金涛. 组织创新气氛与激励偏好对员工创新行为的交互效应研究［J］. 管理世界，2009（10）：88-101.

［78］顾远东，彭纪生. 组织创新氛围对员工创新行为的影响：创新自我效能感的中介作用［J］. 南开管理评论，2010，13（1）：30-41.

［79］刘顺忠. 客户需求变化对员工创新行为影响机制研究［J］. 科学学研究，2011，（8）：1258-1265.

［80］卢小君，张国梁. 工作动机对个人创新行为的影响研究［J］. 软科学，2007，（6）：124-127.

［81］Kleysen R. F，Street C. T. Toward a Multi-dimensional Measure of Individual Innovative Behavior［J］. Journal of Intellectual Capital，2001，2（3）：284-296.

［82］郝旭光，张嘉祺，雷卓群. 平台型领导：多维度结构，测量与创新行为影响验证［J］. 管理世界，2021，37（1）：186-216.

［83］宋思远. 企业员工工作场所学习对其创新行为的影响研究［D］. 西安：西北大学，2019.

［84］朱平利，刘娇阳. 近朱者赤：上级企业家精神对员工创新行为的影响研究［J］. 技术经济，2020，39（6）：54-62.

［85］魏江. 组织创新氛围对创意人才创新行为的影响：心理资本的中介作用［J］. 复杂科学管理，2020（2）：12-22.

［86］曹勇，向阳. 企业知识治理、知识共享与员工创新行为——社会资本的中介作用与吸收能力的调节效应［J］. 科学学研究，2014，32（1）：92-102.

［87］李建军. 创新导向、组织氛围对知识型员工创新行为的影响机制研究［D］. 长春：吉林大学，2016.

［88］贾敬远．新生代企业家创新行为影响因素及引导策略研究［D］．镇江：江苏大学，2018.

［89］王蕊，叶龙．基于人格特质的科技人才创新行为研究［J］．科学管理研究，2014，32（4）：100-103.

［90］刘平青，崔遵康，赵莉，等．中国情境下精神型领导对研发人员创新行为的影响机理［J］．北京理工大学学报（社会科学版），2022，24（1）：65-76.

［91］习近平．在科学家座谈会上的讲话［N］．人民日报，2020-09-12（002）.

［92］Jackson A. Makers：The New Industrial Revolution［J］．Design History，2014，27(3)：311-312.

［93］Anderson C. Maker：The New Industrial Revolution［M］．New York：Crown Business，2012.

［94］Halverson E. R，Sheridan K. The Maker Movement in Education［J］．Harvard Educational Review，2014，84(4)：495-504.

［95］Sheridan K，Halverson E. R，Litts B，et al. Learning in the Making：A Comparative Case Study of Three Makerspaces［J］．Harvard Educational Review，2014，84(4)：505-531.

［96］Erikson T. The promise of Entrepreneurship as a Field of Research：A Few Comments and Some Suggested Extensions［J］．Academy of Management Review，2001，26(1)：12-13.

［97］Kuratko D. F，Ireland R. D，Hornsby J. S. Improving Firm Performance Entrepreneurial through Corporate Actions：Acordia's Strategy Entrepreneurship［J］．The Academy of management Executive，2001，15(4)：60-71.

［98］邓纯雅．克里斯·安德森 中国制造将属于"中国创客"［J］．中外管理，2015（1）：34-36.

［99］祝智庭，雒亮．从创客运动到创客教育：培植众创文化［J］．电化教育研究，2015，36（7）：5-13.

［100］祝智庭，孙妍妍．创客教育：信息技术使能的创新教育实践场［J］．中国电化教育，2015（1）：14-21.

［101］黄兆信，赵国靖，洪玉管．高校创客教育发展模式探析［J］．高等工程教育研究，2015（4）：40-44.

［102］王佑镁，陈赞安．从创新到创业：美国高校创客空间建设模式及启示［J］．中国电化教育，2016（8）：1-6.

［103］王德宇，杨建新，李双寿．国内创客空间运行模式浅析［J］．现代教育技术，2015，25（5）：33-39.

［104］李双寿，杨建新，王德宇．高校众创空间建设实践——以清华大学 i. Center 为例［J］．现代教育技术，2015，25（5）：5-11.

［105］王佑镁，宛平，赵文竹，等．从创客到创造性公民：智慧教育视野下的创客公民及其培养［J］．电化教育研究，2019，40（11）：5-11.

［106］任静．我国中小学创客教育研究［D］．武汉：华中师范大学，2017.

［107］陈仓虎．以创客精神推动我国企业的文化建设［J］．新西部（理论版），2015（21）：64-66.

［108］王尤举，樊勇．创客精神内在机理及培育研究［J］．文化学刊，2018（9）：157-159.

［109］孙超，高莹莹，李公根．创客精神与图书馆文化比较研究［J］．情报探索，2015（12）：103-107.

［110］黄玉蓉，王青，郝云慧．创客运动的中国流变及未来趋势［J］．山东大学学报（哲学社会科学版），2018（5）：54-63.

［111］陈夙，项丽瑶，俞荣建．众创空间创业生态系统：特征、结构、机制与策略——以杭州梦想小镇为例［J］．商业经济与管理，2015（11）：35-43.

［112］秦佳良，张玉臣．草根创新可持续驱动模式探析——来自农民"创客"的依据［J］．科学学研究，2018，36（8）：1495-1504.

［113］刘志迎，武琳．众创空间：理论溯源与研究视角［J］．科学学研究，2018，36（3）：569-576.

［114］韩美群．论民族精神生成的内在逻辑［J］．哲学动态，2009（12）：28-33.

［115］崔祥民，李支东，柴晨星．基于 QCA 方法的创客精神生成机理研

究［J］. 科技进步与对策, 2020, 37（14）：31-38.

［116］陈海鹏. 创客精神引领下的高职视觉传达设计专业人才培养模式研究［J］. 大众文艺, 2017（17）：222-223.

［117］郑俊. 普通高中创客精神的培育路径［J］. 教育实践与研究（理论版）, 2017（30）：55-57.

［118］王成名, 郑丽. 创客精神引领下大学生创新意识的培养［J］. 高校辅导员学刊, 2017, 9（3）：44-46.

［119］孙幼波, 王春波. 浅谈大学生创客养成——以创客空间为载体［J］. 大学教育, 2017（9）：162-164.

［120］匡艳丽, 郝其宏. 反思与构建：高校创客文化培育的实践路径［J］. 黑龙江高教研究, 2018, 36（9）：67-70.

［121］陈春花. 数字化时代的价值共生［J］. 企业管理, 2022（1）：9-10.

［122］王雪梅. 共生管理理念及其应用价值研究［D］. 哈尔滨：黑龙江大学, 2020.

［123］陈劲, 尹西明. 范式跃迁视角下第四代管理学的兴起、特征与使命［J］. 管理学报, 2019, 16（1）：1-8.

［124］习近平：在企业家座谈会上的讲话［C］. 中国企业改革发展2020蓝皮书. 2020：319-321.

［125］中共中央办公厅, 国务院办公厅. 关于进一步弘扬科学家精神加强作风和学风建设的意见［J］. 中华人民共和国国务院公报, 2019（18）：20-24.

［126］Lievens A, Moenaert R. K. New Service Teams as Information-Processing Systems：Reducing Innovative Uncertainty［J］. Journal of Service Research, 2000, 3(1)：46-65.

［127］王斌, 颜宏亮, 郑刚. 企业动态能力的构成维度与特征研究［J］. 科学学与科学技术管理, 2006（9）：124-129.

［128］Bourdieu P. Le Capital Social：Notes provisoires［J］. Actes De La Recherche en Sciences Sociales, 1980, 31(1)：2-3.

［129］Coleman J. S. Social Capital in the Creation of Human Capital［J］.

American Journal of Sociology，1988(11):95-120.

[130] Putnam R. The Prosperous Community：Social Capital and Public Life [J]. The American Prospect，1997，13(3)：35-42.

[131] Burt R. S. Structural Holes：The Social Structure of Competition[M]. Cambridge：Harvard University Press，1995.

[132] Coleman J. S. Social Capital in the Creation of Human Capital[J]. American journal of sociology，1988，94：95-120.

[133] Coleman J. S. Foundations of Social Theory[M]. Belknap Press of Harvard University Press，1990.

[134] 刘丽莉．社会资本与经济发展［J］．经济研究导刊，2007（9）：31-33.

[135] 周感芬．国民素质公共精神社会资本——从我国"五位一体"建设去探讨以上三者的关系［J］．教育文化论坛，2012，4（6）：20-23.

[136] 陈楠，刘继安．社会资本对理工科博士生创新能力的影响——以知识共享为中介变量［J］．科技促进发展，2022，18（2）：244-251.

[137] Nahapiet J，Ghoshal S. Social Capital，Intellectual Capital，and The Organizational Advantage[J]. Academy of Management Review，1998，23（2）：242-266.

[138] Furstenberg Jr. F. F，Hughes M. E. Social Capital and Successful Development Among At-Risk Youth.［J］. Journal of Marriage and The Family，1995，57(3)：580-592.

[139] 巫俏冰．社会资本理论与青少年研究［J］．青年探索，2011（3）：12-17.

[140] 侯楠，杨皎平，戴万亮．团队异质性、外部社会资本对团队成员创新绩效影响的跨层次研究［J］．管理学报，2016，13（2）：212-220.

[141] 王国顺，杨昆．社会资本、吸收能力对创新绩效影响的实证研究［J］．管理科学，2011，24（5）：23-36.

[142] 赵延东．社会资本理论的新进展［J］．国外社会科学，2003（3）：54-59.

[143] 李博．社会资本培育与基层社会治理秩序的形成——基于韩国新

村运动的案例研究［J］. 领导科学, 2021 (22)：51-54.

［144］王卫东. 中国城市居民的社会网络资本与个人资本［J］. 社会学研究, 2006 (3)：151-166.

［145］王军, 李燕萍. 创客资本对创新绩效的影响机制研究［J］. 科学决策, 2022 (2)：35-52.

［146］邓玉林. 知识型员工的激励机制研究［D］. 南京：东南大学, 2006.

［147］段锦云, 杨静, 朱月龙. 资源保存理论：内容、理论比较及研究展望［J］. 心理研究, 2020, 13 (1)：49-57.

［148］Hobfoll S. E. Conservation of Resources：A New Attempt at Conceptualizing Stress[J]. The American Psychologist, 1989, 44(3)：513-524.

［149］Hobfoll S. E, Halbesleben J, Neveu J. P, et al. Conservation of Resources in The Organizational Context The Reality of Resources and Their Consequences[J]. Annual Review of Organizational Psychology and Organizational Behavior, 2018, 5(1)：103-128.

［150］Halbesleben J. R. B, Wheeler A. R, et al. The Relative Roles of Engagement and Embeddedness in Predicting Job Performance and Intention to Leave [J]. Work & Stress, 2008, 22(3)：242-256.

［151］廖化化, 黄蕾, 胡斌. 资源保存理论在组织行为学中的应用：演变与挑战［J］. 心理科学进展, 2022, 30 (2)：449-463.

［152］贾良定, 杨椅伊, 刘德鹏. 感知深层次差异与个体创造力——基于资源保存理论的研究［J］. 武汉大学学报 (哲学社会科学版), 2022, 75 (3)：104-114.

［153］Tett R. P, Guterman H. A. Situation Trait Relevance, Trait Expression, and Cross-Situational Consistency：Testing a Principle of Trait Activation[J]. Journal of Research in Personality, 2000, 34(4)：397-423.

［154］Tett R, Burnett D. A Personality Trait-Based Interactionist Model of Job Performance[J]. Journal of Applied Psychology, 2003, 88(3)：500-517.

［155］刘伟国, 施俊琦. 主动性人格对员工工作投入与利他行为的影响研究：团队自主性的跨水平调节作用［J］. 暨南学报：哲学社会科学版,

2015，37（11）：54-63.

［156］周愉凡，张建卫，张晨宇，等．主动性人格对研发人员创新行为的作用机理：基于特质激活与资源保存理论整合性视角［J］．软科学，2020，34（7）：33-37.

［157］张建卫，周洁，李正峰，等．组织职业生涯管理何以影响军工研发人员的创新行为：自我决定与特质激活理论整合视角［J］．预测，2019，38（2）：9-16.

［158］周玉容，王辰琛．人文社会学科硕士研究生学术志趣的激活机制与提升路径：基于特质激活理论的分析［J］．现代教育科学，2022（3）：127-132.

［159］Pandit N. R. The Creation of Theory：A Recent Application of The Grounded Theory Method［J］．The Qualitative Report，1996，2(4)：1-15.

［160］王璐，高鹏．扎根理论及其在管理学研究中的应用问题探讨［J］．外国经济与管理，2010（12）：10-18.

［161］程晨：安静地做一名创客布道师［EB/OL］.（2015-07-19）［2022-01-18］.https：∥www.leiphone.com/category/ingchuang/nEfLk3U4SSsCLRA9.html.

［162］专访乔克兄弟合伙人陈方毅：创客梦想家，用科技培养人才［EB/OL］.（2015-08-24）［2022-01-18］.https：∥hn.cnr.cn/hngbcj/jr/20150824/t20150824_519636736.shtml.

［163］陈正翔：我不是创客［EB/OL］.（2015-04-06）［2022-01-18］.https：∥segmentfault.com/a/1190000002651412.

［164］段续，李铮巍，段菁菁，等.创客故事：激扬青春，怀揣梦想去创造［EB/OL］.（2015-07-19）［2022-01-18］.http：∥www.banyuetan.org/chcontent/jrt/201529/125212_2.shtml.

［165］王建芹．旅游消费者公民行为量表设计与实证检验［J］．企业经济，2019，38（11）：80-87.

［166］熊艳，郭锐，张煜．品牌似人视角下品牌自信的结构与测量［J］．中国地质大学学报（社会科学版），2019，19（3）：150-161.

［167］陈奎庆，马越，朱晴雯．中国情境下创业型领导的结构与测量［J］．常州大学学报（社会科学版），2019，20（3）：55-67.

［168］姜晨．组织即兴的内涵剖析与量表开发［D］．大连：东北财经大学，2010.

［169］杨学成，许紫媛．从数据治理到数据共治：以英国开放数据研究所为案例的质性研究［J］．管理评论，2020，32（12）：307-319.

［170］卢衍帅．企业家精神视角下社会资本对经营绩效的影响：基于福耀、格力和比亚迪多案例研究［D］．济南：山东大学，2020.

［171］周感芬．国民素质 公共精神 社会资本：从我国"五位一体"建设去探讨以上三者的关系［J］．教育文化论坛，2012，4（6）：20-23.

［172］易滨秀，胡丹，杨云山．以创新精神发展企业核心竞争力［J］．企业经济，2006（12）：23-25.

［173］林南．社会资本：关于社会结构与行动的理论［M］．张磊，译．上海：上海人民出版社，2005.

［174］温忠麟，侯杰泰，张雷．调节效应与中介效应的比较和应用［J］．心理学报，2005（2）：268-274.

［175］周冉，段锦云，田晓明．情境相关性及其对"特质-工作结果"的调节作用［J］．心理科学进展，2011，19（1）：132-141.

［176］Colbert A．Witt L．A．The Role of Goal-Focused Leadership in Enabling the Expression of Conscientiousness［J］．Journal of Applied Psychology，2009，94（3）：790-796.

［177］Judge T．A，Piccolo R．F，Kosalka T，et al．The Bright and Dark Sides of Leader Traits：A Review and Theoretical Extension of the Leader Trait Paradigm［J］．The Leadership Quarterly，2009，20(6)：855-875.

［178］Griffin M．A，Parker S．K，Mason C．M．Leader Vision and The Development of Adaptive and Proactive Performance：A Longitudinal Study［J］．Journal of Applied Psychology，2010，95(1)：174-182.

［179］Guo Y，Liao J．Q，Liao S．D，et al．The Mediating Role of Intrinsic Motivation on the Relationship Between Developmental Feedback and Employee Job Performance［J］．Social Behavior & Personality：An International Journal，2014，42（5）：731-741.

［180］Carmeli A，Schaubroeck J．The Influence of Leaders' and Other

Referents' Normative Expectations on Individual Involvement in Creative Work[J]. The Leadership Quarterly, 2007, 18(1): 35-48.

[181] Bakker A. B, Tims M, Derks D. Proactive Personality and job Performance: The Role of Job Crafting and Work Engagement[J]. Human Relations, 2012, 65(10): 1359-1378.

[182] 姚艳虹, 闫倩玉, 杜梦华. 上级发展性反馈对下属创新行为的影响: 员工特质视角 [J]. 科技进步与对策, 2014, 31 (14): 149-154.

[183] 苏伟琳, 林新奇. 上级发展性反馈对员工创新行为影响研究: 核心自我评价与工作投入的作用 [J]. 科技进步与对策, 2018, 35 (4): 101-107.

[184] Wrzesniewski A, Dutton J. E. Crafting a Job: Revisioning Employees as Active Crafters of Their Work[J]. Academy of Management Review, 2001, 26(2): 179-201.

[185] Zheng X, Diaz I, Jing Y, et al. Positive and Negative Supervisor Developmental Feedback and Task-Performance[J]. The Leadership & Organization Development Journal, 2015, 36(2): 212-232.

[186] Woocheol K, Jiwon P. Examining Structural Relationships between Work Engagement, Organizational Procedural justice, Knowledge Sharing, and Innovative Work Behavior for Sustainable Organizations[J]. Sustainability, 2017, 9(2): 205-221.

[187] Dam K. V, Oreg S, Schyns B. Daily Work Contexts and Resistance to Organisational Change: The Role of Leader-Member Exchange, Development Climate, and Change Process Characteristics[J]. Applied Psychology, 2008, 57 (2): 313-334.

[188] Kulik C. T. The Consequences of Job Categorization[D]. University of Illinois at Urbana-Champaign, 1987.

[189] Tims M, Bakker A. Job Crafting: Towards a New Model of Individual Job Redesign[J]. South African Journal of Industrial Psychology, 2010, 36 (2): 12-20.

[190] Hakanen J. J, Perhoniemi R, Toppinen-Tanner S. Positive gain Spirals at Work: From Job Resources to Work Engagement, Personal Initiative and Work-

Unit Innovativeness[J]. Journal of Vocational Behavior, 2008, 73(1): 78-91.

[191] 胡睿玲, 田喜洲. 重构工作身份与意义: 工作重塑研究述评 [J]. 外国经济与管理, 2015, 37 (10): 69-81.

[192] Wrzesniewski A, Lobuglio N, Dutton J. E, et al. Job Crafting and Cultivating Positive Meaning and Identity in Work[M]. [S. I.] Emerald Group Publishing Limited, 2013.

[193] Tims M, Bakker A. B, Derks D. Development and Validation of The Job Crafting Scale[J]. Journal of Vocational Behavior, 2012, 80(1): 173-186.

[194] Lu C. Q, Wang H. J, Lu J. J, et al. Does work Engagement Increase Person-Job Fit. The role of job crafting and job insecurity[J]. Journal of Vocational Behaviour, 2014, 84(2): 142-152.

[195] 辛迅, 苗仁涛. 工作重塑对员工创造性绩效的影响: 一个有调节的双中介模型 [J]. 经济管理, 2018, 40 (5): 108-122.

[196] Bakker A. B, Xanthopoulou. D. The Crossover of Daily Work Engagement:Test of An Actor-Partner Interdependence Model[J]. Journal of Applied Psychology, 2009, 94(6): 1562-1571.

[197] Bindl U. K, Unsworth K. L, Gibson C. B, et al. Job Crafting Revisited: Implications of an Extended Framework for Active Changes at Work[J]. Journal of Applied Psychology, 2019, 104(5): 605-628.

[198] Ghitulescu B. E. Shaping Tasks and Relationships at Work: Examining the Antecedents and Consequences of Employee job Crafting[D]. University of Pittsburgh, 2007.

[199] Leana C, Appelbaum E, Shevchuk I. Work Process and Quality of Care in Early Childhood Education: The Role of Job Crafting[J]. Academy of Management Journal, 2009, 52(6): 1169-1192.

[200] 高红梅, 郑弯弯, 高倩倩. 高校教师工作重塑的表现及结构分析 [J]. 保定学院学报, 2016, 29 (1): 102-106.

[201] Zhou J. When the Presence of Creative Coworkers Is Related to Creativity: Role of Supervisor Close Monitoring, Developmental Feedback, and Creative Personality[J]. Journal of Applied Psychology, 2003, 88(3): 413-422.

［202］ Ilgen D. R, Fisher C. D, Taylor M. S. Consequences of Individual Feedback on Behavior in Organizations［J］. Journal of Applied Psychology, 1979, 64 (4): 349-371.

［203］ Kluger A. N, Denisi A. The Effects of Feedback Interventions on Performance: A Historical Review, A Meta-analysis, and A Preliminary Feedback Intervention Theory［J］. Psychological Bulletin, 1996, 119(2): 254-284.

［204］ Steelman L. A, Levy P. E, Snell A. F. The Feedback Environment Scale: Construct Definition, Measurement, and Validation ［J］. Educational and Psychological Measurement, 2004, 64(1): 165-184.

［205］ Arifin F, Wigati F, Lestari Z. Typical Responses in Giving Evaluation: An Analysis of High and Low Context Culture Communication ［J］. Journal of Linguistics and Education, 2013, 3(1): 85-92.

［206］ Alvero A. M, Bucklin B. R, Austin J. An Objective Review of the Effectiveness and Essential Characteristics of Performance Feedback in Organizational Settings［J］. Journal of Organizational Behavior Management, 2001, 21(1): 3-29.

［207］ Joo B. K, Song J. H, Lim D. H, et al. Team Creativity: The Effects of Perceived Learning Culture, Developmental Feedback and Team Cohesion ［J］. International Journal of Training and Development, 2012, 16(2): 77-91.

［208］邓志华, 肖小虹, 陆竹. 精神视角下研发团队创新绩效的动力机制研究［J］. 科技进步与对策, 2020, 37 (21): 127-135.

［209］胡仿梅. 理念到行为的实践: 浅谈一日活动中, 幼儿创新精神的培养［J］. 学周刊, 2014 (33): 200.

［210］任芳莹. 论大学生创新精神向创新行为的衔接与转换: "准就业" 机制在当前实施的必要性与现实性［J］. 时代教育, 2016 (7): 55-56.

［211］戴万亮, 苏琳, 杨皎平. 心理所有权、知识分享与团队成员创新行为: 同事间信任的跨层次调节作用［J］. 科研管理, 2020, 41 (12): 246-256.

［212］郑馨怡, 李燕萍, 刘宗华. 知识分享对员工创新行为的影响: 基于组织的自尊和组织支持感的作用［J］. 商业经济与管理, 2017 (1): 24-33.

［213］李根强, 于博祥, 孟勇. 发展型人力资源管理实践与员工主动创

新行为：基于信息加工理论视角［J］．科技管理研究，2022，42（7）：163-170．

［214］张柏楠，徐世勇．高参与人力资源实践对员工创新行为的影响：一个中介与调节模型［J］．科技进步与对策，2021，38（7）：141-150．

［215］费章凤，蔡晨晨．创业激情感知对员工创新行为的影响研究：组织认同的中介作用［J］．中国集体经济，2021（27）：106-108．

［216］单标安，于海晶，鲁喜凤．感知的创业激情、信任与员工创新行为关系研究［J］．管理科学，2019，32（1）：80-90．

［217］朋震，殷嘉琦．工作重塑研究：二十年回顾与展望［J］．管理现代化，2021，41（2）：111-116．

［218］毛翠云，杨娜．基于计划行为理论的工作重塑行为影响因素的综合模型［J］．中国集体经济，2020（34）：95-97．

［219］李晓园，方迪慧，刘思聪．主动性员工更容易产生越轨创新行为吗？基于人—工作匹配的调节作用［J］．金融教育研究，2020，33（2）：64-74．

［220］方圆，杨柳．提升员工工作意义的曙光：工作重塑研究综述［J］．经营与管理，2019（6）：67-72．

［221］冯明，胡宇飞．工作压力源对员工突破性和渐进性创造力的跨层次研究［J］．管理学报，2021，18（7）：1012-1021．

［222］苗钟元，周施恩．工作重塑从被动接受到主动追求［J］．企业管理，2020（3）：100-102．

［223］曹群．高职院校学生职业生涯规划构建策略研究［J］．产业与科技论坛，2021，20（1）：276-277．

［224］张跃．工作重塑对高科技企业员工创新行为的影响研究［J］．科技与管理，2021，23（4）：99-108．

［225］赵娅．工作重塑、心理资本对知识员工创新行为的影响［J］．企业经济，2020，39（10）：58-66．

［226］李辉，曾伟旭，阎孟杰．研发团队工作重塑、创造性过程投入与创新绩效［J］．技术与创新管理，2021，42（6）：653-662．

［227］朋震，陈天子．远程办公强度对企业员工知识共享意愿的影响机

制探究：工作重塑的中介作用［J］. 湖北社会科学，2022（1）：77-87.

［228］胡恩华，张文林. 人力资源管理实践和工会实践耦合对工作重塑的影响：基于认知—情感系统理论［J］. 安徽大学学报（哲学社会科学版），2022，46（2）：136-147.

［229］易凌峰，张泽坤. 创业型领导促进员工知识共享：工作重塑的中介作用［J］. 延边大学学报（社会科学版），2022，55（1）：124-144.

［230］廖化化，黄蕾，胡斌. 资源保存理论在组织行为学中的应用：演变与挑战［J］. 心理科学进展，2022，30（2）：449-463.

［231］霍苏慧. 上级发展性反馈对员工工作重塑的影响机制研究［J］. 河北企业，2022（3）：104-106.

［232］徐长江，陈实. 工作重塑干预：对员工工作自主性的培养［J］. 心理科学进展，2018，26（8）：1501-1510.

［233］苏伟琳，林新奇. 上级发展性反馈对下属知识共享的影响机制：一个有调节的中介模型［J］. 商业经济与管理，2020（10）：29-38.

［234］李圭泉，席酉民，尚玉钒，等. 领导反馈与知识共享：工作调节焦点的中介作用［J］. 科技进步与对策，2014，31（4）：120-125.

［235］耿紫珍，赵佳佳，丁琳. 中庸的智慧：上级发展性反馈影响员工创造力的机理研究［J］. 南开管理评论，2020，23（1）：75-86.

［236］孙赟. 人力资源管理中上级过度负向反馈的成因及解决对策研究［J］. 职业时空，2016，12（3）：33-35.

［237］殷俊杰，邵云飞. 上级发展性反馈对员工主动变革行为的影响机理：情绪智力调节作用［J］. 企业经济，2021，40（11）：142-151.

［238］张振刚，李云健，宋一晓. 上级发展性反馈对员工变革行为的影响研究：上级与下属双向沟通视角［J］. 科学学与科学技术管理，2016，37（12）：136-148.

［239］Covin J. G, Slevin D. P. Strategic Management of Small Firms in Hostile and Benign Environments［J］. Strategic Management Journal，1989(10)：75-87.

［240］陈忠卫，郝喜玲. 创业团队企业家精神与公司绩效关系的实证研究［J］. 管理科学，2008，21（1）：39-48.

［241］Covin J. G. A Conceptual Model of Entrepreneurship as Firm Behavior

[J]. Entrepreneurship Theory and Prattice, 1991, 16(1): 7-26.

[242] 尹然平. 农业企业创业精神、创业能力与创业绩效关系研究 [D]. 广州：华南农业大学，2016.

[243] 李辉，金辉. 工作重塑就能提高员工创造力吗？一个被调节的中介模型 [J]. 预测，2020，39 (1): 9-16.

[244] Hair J. F, Black W. C, Barbin B. J, et al. Multivariate Data Analysis: A Global Perspective[M]. Upper Saddle River: Prentice Hall, 2009.

[245] Baron R. M, Kenny D. A. The Moderator-Mediator Variable Distinction in social psychological research: conceptual, strategic[J]. Journal of Personality and Social Psychology, 1986, 51(6): 1173-1182.

[246] 丹娜·左哈尔. 量子领导者：商业思维和实践的革命 [M]. 杨壮，施诺，译. 北京：机械工业出版社，2017.

[247] Schoberova M. Job Crafting and Personal Development in the Work Place: Employees and Managers Co-creating Meaningful and Productive Work in Personal Development Discussions[D]. University of Pennsylvania, 2015.

[248] 孙国际. 创新文化的渊源及其内涵的形成提炼与升华 [J]. 科学新闻，2007 (11): 46-48.

附录　创客精神与知识工作者创新行为关系研究调查问卷

尊敬的先生/女士:

非常感谢您能在百忙中接受本次问卷调查。我们向您承诺，本次调查所取得资料仅用于学术研究，不会侵犯您的个人隐私。由于您的回答对本书的研究结论至关重要，请您在填写中注意以下事项：

1. 据实填写。本问卷采用匿名填写方式，答案没有对错之分，所以恳请您根据真实情况和您个人的真实感受答题。

2. 请勿多选。问卷中所有问题都为单选题。请您在您认为最符合的选项上画"√"。

其中，"1"代表非常不符合，"2"代表不符合，"3"代表一般，"4"代表符合，"5"代表非常符合。

占用了您宝贵的时间，对于您的参与和支持，在此表示衷心感谢！

第一部分　个人基本信息

此部分是关于您的个人信息，请用画"√"的方式选择符合您真实情况的选项。

题号	题目内容	A	B	C	D	E
1	您的性别	男	女			
2	您的年龄	25 岁及以下	26~30 岁	31~35 岁	36~40 岁	41 岁及以上
3	您的学历	高中及以下	大专	本科	硕士	博士及以上
4	您的工作年限	3 年及以下	3~5 年（包含 5 年）	5~10 年（包含 10 年）	10 年以上	
5	您的职位	基层职工	基层管理	中层管理	高级管理	

续表

题号	题目内容	A	B	C	D	E
6	您所在的公司企业性质	国有企业	民营企业	合资企业	外资企业	其他企业
7	企业所属行业	电子通信	机械制造	生物医药	化工食品	其他行业

第二部分　创客精神研究调查

以下是您对自己的创客精神的感知程度，请仔细阅读后在对应的数字下画"√"。

题号	题项	1	2	3	4	5
1	我总是有许多创意					
2	我喜欢用创新的方法来解决问题					
3	我强调产品设计的创新程度					
4	我愿意采纳高管团队成员所提出的有价值的新观点					
5	我拥有关于决策所需的新知识，并愿意主动同大家分享					
6	我对所讨论的问题有新观点，并愿意积极地同大家分享					
7	我比同行竞争对手率先抓住市场机会					
8	我能对外部环境的动态变化保持敏感性					
9	我比同行竞争对手更加重视市场机会的开发					
10	我一直认同追求卓越的标准					
11	对于生产过程与生产方式，我十分重视其独特设计					
12	我在战略决策方面更愿意选择高风险高回报的方案					
13	面对有利的市场机会，我将积极行动适时采取相应策略					
14	面对新兴目标市场，我所在的企业通常是众多同类企业的先行者					

第三部分　员工创新行为研究调查

在以下方面是您对于自身创新行为的描述，请仔细阅读后在对应的数字下画"√"。

题号	题项	1	2	3	4	5
1	在工作中，遇到问题时我会尝试运用新方法、新技术或新程序					
2	我在工作中经常提出有创意的点子和想法					
3	我经常与别人沟通并推荐自己的新想法					
4	为实现自己创意的构想，我会想办法争取所需要的资源					
5	为落实自己的创意构想，我会积极地制定适当的方案和计划					
6	从整体上说，我是一个有创新精神的人					

第四部分　工作重塑研究调查

以下是您对自己工作重塑的认同感，请仔细阅读后在对应的数字下画"√"。

题号	题项	1	2	3	4	5
1	我努力提高自己的能力					
2	我努力让自己变的更专业					
3	我努力从工作中学习新知识					
4	我让自己的能力得到充分发挥					
5	我决定自己的做事方式					
6	我尝试减少来自工作的心理压力					
7	我尝试减少工作对情绪的负面影响					
8	当某人的问题会影响我情绪时，我会尽量减少与他/她接触					
9	当某人怀有不切实际的期望时，我会尽量减少与他/她接触					
10	在工作中，我会尽量避免让自己做艰难的决定					
11	我会协调工作，避免让自己长期处于紧张状态					
12	我会向上级寻求指导帮助					
13	我会询问上级对我的工作是否满意					
14	我希望得到上级的鼓励					
15	我会询问他人对自己工作表现的看法					
16	我会寻求同事的意见					

续表

题号	题项	1	2	3	4	5
17	对某个项目感兴趣时，我会主动请缨加入其中					
18	我是第一批尝试新事物的人					
19	我会把工作的淡季视为开展新项目的准备期					
20	即使没有额外的报酬，我也愿意承担额外的工作					
21	我通过检查工作各潜在方面的关系，寻求更多的挑战					

第五部分　上级发展性反馈研究调查

在以下方面是您对于领导上级发展性反馈的描述，请仔细阅读后在对应的数字下画"√"。

题号	题项	1	2	3	4	5
1	我的直接上级给我提供反馈主要是为了帮助我如何学习新知识和提高工作能力					
2	我的直接上级从来不提供有利于我工作与成长的信息					
3	关于如何提高我的工作绩效，我的直接上级会提供有价值的信息给我					

本问卷填写到此结束，烦请您检查所有问题是否均已作答。再次感谢您的参与。祝您身体健康，工作顺利！

后　记

　　光阴荏苒，岁月如梭。不知不觉间，我在河海大学攻读博士学位的旅程即将画上句号。回首在河海大学求学的过程，老师们的谆谆教诲，同学和朋友们的热心帮助，亲人们的殷切希望和鼎力支持仍然历历在目。在本书即将完稿之际，感激之情油然而生。

　　首先，我要特别感谢我的导师赵敏研究员，在我攻读博士学位期间，赵老师一直以渊博的学识、包容的态度、豁达的性格支持我、鼓励我。我的这本学术专著从最初选题到最后定稿都离不开老师的指导和帮助，每当我遇到困难时，赵老师都会鼓励我，并在我撰写本书的过程中给予指导和帮助，让我在纷繁的事务中一次又一次地静下心来，调整心态，按照选定的题目和拟定的框架继续努力。如今本书已经完稿，老师给我的帮助我定会铭记终生，我也会倍加珍惜这段师生情谊。

　　我要感谢河海大学商学院的各位老师。老师们深厚的学术造诣、精彩的课程让我获益良多。我还要感谢在河海大学求学的同学们，有了他们的陪伴，我在河海大学度过了一段非常难忘的时光。即便是在离开校园后，这份同学情谊也一定会历久弥坚，始终伴随着我的工作和学习的全过程。

　　我还要感谢我的同事们，感谢他们的支持和帮助，可以让我在纷繁的工作之余抽出时间完成此书。

　　我更要感谢我的家人。我的父母、岳父岳母，在我读书和工作期间，无私地帮助我照顾着我的家庭，始终支持和鼓励我，使我能完成学业。我要感谢我的夫人，她为我生下了双胞胎儿子，他们跟我的女儿一起，是我人生重要的财富。夫人是我学习、工作和成长过程中的伴侣，更是我的良师益友。当我倦怠时，她总能鼓励和鞭策我。我的夫人在我读书学习期间，用柔弱的肩膀挑起了照顾家庭和孩子的重担，把家事处理得井井有条，让我能够有充足的时间和精力继续我的学业。

　　最后，我还要感谢金辉老师、吴洁老师、田剑老师，还有崔雯、刘灿等同

无

学，他们为我撰写本书提供了大量帮助。

  在我的学习和工作过程中，我得到了太多亲朋好友的帮助，虽然不能一一附上姓名，但我会永远铭记于心。

  我将永远怀着一颗感恩的心，认真忠诚地继续我的工作，真诚地对待每一位学生，像你们帮助我一样，帮助他们更好地成长。

  祝大家健康、平安！

薛泉祥
2023 年 10 月